# 衡水市地下水现状及农业主要节水技术

李和平　李积铭　李锴雯　主编

中国农业科学技术出版社

**图书在版编目（CIP）数据**

衡水市地下水现状及农业主要节水技术／李和平，李积铭，李锴雯主编 . —北京：中国农业科学技术出版社，2018.8

ISBN 978-7-5116-3721-5

Ⅰ.①衡…　Ⅱ.①李…②李…③李…　Ⅲ.①地下水资源–研究–衡水②农田灌溉–节约用水–研究–衡水　Ⅳ.①P641.8②S275

中国版本图书馆 CIP 数据核字（2018）第 110611 号

| 责 任 编 辑 | 徐　毅 |
|---|---|
| 责 任 校 对 | 李向荣 |

| 出 版 者 | 中国农业科学技术出版社 |
|---|---|
| | 北京市中关村南大街 12 号　邮编：100081 |
| 电　　　话 | (010)82106636(编辑室)　　(010)82109702(发行部) |
| | (010)82109709(读者服务部) |
| 传　　　真 | (010)82106631 |
| 网　　　址 | http://www.CASTP.cn |
| 经 销 者 | 各地新华书店 |
| 印 刷 者 | 北京建宏印刷有限公司 |
| 开　　　本 | 710mm×1 000mm　1/16 |
| 印　　　张 | 9.75 |
| 字　　　数 | 180 千字 |
| 版　　　次 | 2018 年 8 月第 1 版　2018 年 8 月第 1 次印刷 |
| 定　　　价 | 30.00 元 |

# 《衡水市地下水现状及农业主要节水技术》编委会成员名单

| | | | |
|---|---|---|---|
| **主　　编** | 李和平 | 李积铭 | 李锴雯 |
| **副 主 编** | 李爱国 | 张玉兰 | 谷增辉 | 杨　洪 |
| **技术总监** | 庞昭进 | | |
| **审　　定** | 宋聪敏 | | |
| **校　　验** | 刘桂华 | 翟兰菊 | |
| **编　　委** | 李和平 | 李积铭 | 李锴雯 | 谷增辉 |
| | 曹九生 | 李　伟 | 刘桂华 | 吴春柳 |
| | 宋聪敏 | 张玉兰 | 杨　洪 | 赵海林 |
| | 戴茂华 | 庞昭进 | 郭安强 | 李爱国 |
| | 郑书宏 | 魏建伟 | 李科江 | 马俊永 |
| | 刘　梅 | 柳斌辉 | 宋　凯 | 刘丽英 |
| | 党红凯 | 王广才 | 胡金翔 | 王　震 |
| | 韩铁峰 | 窦宝峰 | 李　洁 | 王秀果 |
| | 张文英 | 李　丁 | 翟兰菊 | 游永亮 |
| | 卜俊周 | 吴振良 | 李明哲 | 李　强 |
| | 乔文臣 | 贾英全 | 孙志军 | 高　倩 |

# 前　言

衡水市位于河北省的东南部,太行山山前平原以东,滨海平原以西,属半干旱季风气候,常年降水量不足,年平均降水量450~550毫米,降水分布不均匀,季节差异大,6—7月降水占全年降水量的75%左右,年蒸发量高达1 200毫米。人均水资源占有量仅为148立方米,为全省人均水平的48%,是一个典型的资源型缺水地区,是华北平原的干旱中心。

衡水多年平均水资源量6.13亿立方米,年可供水量6亿~8亿立方米,年用水量16亿~18亿立方米,年超采量8亿~10亿立方米,约占全省超采量的20%。由于长期严重超采,导致地下水位逐年下降,单井出水量减少,甚至报废,导致供水成本增加,并形成了覆盖全市8 815平方千米、中心埋深119米的复合型漏斗,由此造成了地裂、地面沉降、塌陷等一系列环境问题,引发严重的社会问题。

在所有的用水量中,农业用水总量占全国用水总量的70%,其中,农田灌溉用水量3 500亿~3 600亿立方米,占农业用水总量的90%。然而,与农业水资源紧缺状况极为不适应的是农业用水浪费现象十分普遍和严重:一是农业灌溉用水的利用率低,约为45%;二是农田对自然降水的利用率低,约为56%;三是农田灌溉用水的效率不高,仅为1.0千克/立方米左右,旱地农田水分的利用率更低,为0.60~0.75千克/立方米,与发达国家相比差距很大。发达国家农业灌溉水的利用率普遍在80%以上,农田灌溉用水的效率达到2.0千克/立方米左右。因此,我国农业节水潜力巨大,目前大力发展节水农业是解决水资源紧缺最行之有效的手段。

宣传和推广农业节水技术,不仅可以节约大量宝贵的水资源,缓解水资源供需矛盾，而且对保障粮食安全，解决由于地下水位过度下降引起的环境问题，促进农业和农村经济健康可持续发展，具有十分重要的战略意义。

本书主要阐述衡水地区的地下水资源现状以及过度抽取地下水所引起的地裂、地面沉降、塌陷等一系列环境问题，在科研人员多年研究的基础上，汇集了项目研究中获得了最新研究成果，同时，借鉴吸收了目前国内外在农业节水技术方面所取得的新技术、新成果编写而成，既继承传统技术，又充分吸收新技术，内容丰富，实用性强。

编写人员分工：主编，李和平、李积铭、李锴雯，第一章节：李锴雯，第二章节：李积铭，第三章节：李积铭，第四章节：李和平，第五章节：李和平，第六章节：李爱国、谷增辉，技术总监：庞昭进，审定：宋聪敏，校验：刘桂华、翟兰菊。其他编委在编写过程中提供了大量的技术资料和修改意见，在此深表感谢。

由于编者水平所限，疏漏之处在所难免，敬请广大读者批评指正。

编者

2018 年 5 月

# 目　　录

# 第一章 衡水地下水资源现状

## 第一节 区域概况

### 一、地理环境

#### 1. 地理位置

衡水市位于河北省东南部，处于东经 115°10′~116°34′，北纬 37°03′~38°23′。东部与沧州市和山东省德州市毗邻，西部与石家庄市接壤，南部与邢台市相连，北部同保定市和沧州市交界。市政府所在地桃城区北距首都北京市 250 千米，西距省会石家庄 119 千米。

#### 2. 地势地貌

衡水市地处河北冲积平原，地势自西南向东北缓慢倾斜，海拔高度 12~30米。地面坡降，滏阳河以东在 1/10 000~1/8 000，以西为 1/4 000。境内河流较多，由于河流泛滥和改道，沉积物交错分布，形成许多缓岗、微斜平地和低洼地。缓岗为古河道遗留下来的自然堤，一般沿古河道呈带状分布，比附近地面相对高出 1~3.5 米。饶阳、安平境内缓岗地貌十分普遍。微斜平地分布最广，是缓岗向洼地过渡的地貌单元。洼地分布也很多，仅万亩（1 亩≈666.7 平方米，下同）以上大型洼地就有 46 个，其中，冀州市、桃城区界内的千顷洼（衡水湖）为全市最大洼淀，总面积达 75 平方千米。

#### 3. 土壤资源

衡水市共有 3 个土纲，4 个土类，7 个亚类，26 个土属，111 个土种，潮土土类面积最大。全市潮土亚类面积 43.40 万公顷，占土地总面积的 62.10%，广泛分布于各县市区，是农用土地主要土壤类型。其土层深厚，质地多变，但以轻壤土为主，部分为沙质和黏质。土壤矿质养分较为丰富，但有机质、速效氮、磷养分缺乏，易受旱、涝、盐碱化威胁，历年以种植业为主。脱潮土面积 14.33 万公顷，占全市土地总面积的 20.4%，广泛分布于古河道自然堤缓岗及高平地处。该土类地下水质好，无洪涝盐碱威胁，水利条件好的地段，多是粮、棉高产区。

### 4. 气候特点

衡水市属大陆季风气候区，为温暖半干旱型。气候特点是四季分明，冬夏长、春秋短。年平均气温 12.6℃，历史最低气温为 -26.0℃，最高气温为 41.5℃。全年无霜期 191 天，日照时数 2 616.8 小时，冷暖干湿差异较大。夏季受太平洋副高边缘的偏南气流影响，潮湿闷热，降水集中，冬季受西北季风影响，气候干冷，雨雪稀少，春季干旱少雨，多风增温快，秋季多秋高气爽天气，有时有连阴雨天气发生。农业气候资源较丰富，但是，自然灾害也频频发生，干旱、冰雹、洪涝、低温、大风等，常给农业生产造成不利影响。

### 5. 河流水系

流经衡水市境内的较大河流有潴龙河、滹沱河、滏阳河、滏阳新河、滏东排河、索泸河-老盐河、清凉江、江江河、卫运河-南运河 9 条，分属海河水系的 4 个河系。其中，潴龙河属大清河系，滹沱河、滏阳河、滏阳新河属子牙河系，滏东排河、索泸河-老盐河、清凉江、江江河属南大排水河系，卫运河-南运河属漳卫南运河系。

## 二、衡水市行政区划

衡水市辖 2 个区：桃城区、冀州区，1 个县级市：深州市，8 个县：枣强县、武邑县、武强县、饶阳县、安平县、故城县、景县、阜城县。根据 2010 年资料统计，衡水市总面积 8 815 平方千米，耕地面积 55.91 万公顷，2010 年年末总人口 4 401 978 人，是以汉族为主的少数民族杂散居地区，共有 37 个少数民族成分，其中，回族人口最多。

# 第二节　衡水市水资源及开发利用状况

## 一、地表水资源

衡水市降水径流主要发生在汛期的 7—8 月，6 月、10 月降水产生径流的几率较低，其他月份基本没有径流产生，全市多年平均地表水资源量为 7 254.8 万立方米，其中，淀东清南区 119.9 万立方米，滹滏平原区 2 331.2 万立方米，黑龙港平原区 4 803.7 万立方米。

## 二、地下水资源

通过对 24 年地下水资源评价成果分析，衡水市矿化度不大于 2.0 克/升的多年平均浅层地下水补给量为 59 635.5 万立方米，多年平均地下水资源资源量为 57 145.7 万立方米，多年平均可开采量为 40 002.1 万立方米，其中，矿化度不大于 1.0 克/升的多年平均浅层地下水补给量为 5 065.6 万立方米，多年平均地下水资源资源量为 4 427.9 万立方米，多年平均可开采量为 3 099.6 万立方米。

## 三、水资源总量

衡水市是一个典型资源型缺水地区，人均水资源占有量仅为 148 立方米，在全省 11 个地市中最低，在衡水市多年平均水资源总量中，矿化度 $M \leq 2.0$ 克/升的水资源总量为 61 275 万立方米、折合产水深 69.5 毫米，其中，矿化度 $M < 1.0$ 克/升的水资源总量为 11 427 万立方米、折合产水深 13.0 毫米。丰水年、平水年、偏枯水年、枯水年矿化度 $M \leq 2.0$ 克/升的水资源总量分别为 84 652 万立方米、56 353 万立方米、38 820 万立方米和 20 672 万立方米，其中，矿化度 $M < 1.0$ 克/升的水资源总量分别为 17 545 万立方米、8 610 万立方米、4 434 万立方米和 1 908 万立方米。

## 四、水资源利用现状

衡水多年平均水资源量 6.13 亿立方米，年可供水量 6 亿~8 亿立方米，年用水量 16 亿~18 亿立方米，年超采量 8 亿~10 亿立方米，约占全省超采量的 20%。由于长期严重超采，导致地下水位逐年下降，单井出水量减少，甚至报废，导致供水成本增加，并形成了覆盖全市 8 815 平方千米、中心埋深 119 米的复合型漏斗，由此造成了地裂、地面沉降、塌陷等一系列环境问题，引发严重的社会问题。在所有的用水量中，农业用水总量占用水总量的 70%，因此，农业节水迫在眉睫，刻不容缓。

# 第二章　种植结构优化技术

种植结构优化技术是依据当地的水、土、光、热资源特征以及不同作物需水特性和耗水规律，以高效、节水为原则，以水定植、合理安排作物的种植结构及灌溉规模，限制和压缩高耗水、低产出作物的种植面积，从而建立与当地自然条件相适应的节水高效型作物种植结构，以缓解用水矛盾、提高降水和灌溉水的利用效率。该技术可在较大范围内产生节水效果。

## 第一节　技术原理、要点和适用条件

### 一、技术原理

不同作物对水分亏缺的反应不同，这集中表现在抗旱节水特性和水分利用效率的差异。作物抗旱性是在缺水条件下作物能获得足够产量的能力，作物的节水性是指作物以较低的水分消耗，维持正常生长发育并获得一定经济产量的特性，水分利用效率是指单位耗水量生产的生物量、经济产量以及经济价值。许多研究结果表明，在相同干旱条件下，不同作物间的水分利用效率存在很大差异，通常可达到2~5倍。由于不同作物种间的抗旱节水特性与水分利用效率差异以及雨水资源的时空分布不均，这就为作物选择与合理布局，建立节水型种植结构提供了理论依据。

### 二、技术要点

1. 选择需水与降水耦合性好、耐旱、水分利用率高的作物品种

适当扩大水分利用效率较高的作物种植面积，压缩水分利用较低的作物种植

面积，以充分利用当地水资源。在华北平原两熟制地区的深井灌区，压缩高耗水冬小麦、夏玉米等作物，增加传统的耐旱节水优质高效的作物种植，如春播或者夏播的谷子、高粱、豆类、优质饲草、甘薯、特种玉米和其他特色作物。

**2. 调整作物熟制，使之与水分条件相适应**

根据我国夏秋季节降水较多、光热充足的特点，适当扩大夏秋作物的种植比例，以充分利用水热资源。如冬小麦对水分要求的条件较高，可以改种部分耐旱节水的小杂粮、豆类、饲草、春播花生等，或建立节水高效的轮作制。

**3. 调整作物播期**

调整作物播期，使作物生育期耗水与降水相耦合，以提高作物对降水的有效利用。对于灌区，要根据来水的季节变化特点，合理安排作物种植比例，缓解用水矛盾。

**4. 优化协调粮、经、饲三者比例**

在满足粮食生产基本需求的情况下，调整农业结构，压缩粮食种植面积并提高其品质，增加饲料作物、经济作物、林果、名优特产作物的种植比例。把目前以粮食作物为主兼顾经济作物的二元结构，逐步发展为"粮、经、饲"的三元结构。

**5. 发展间、套、复种等种植方式**

我国各地因所在的纬度、海拔高度不同，气候条件有很大差异，应根据当地的自然条件、土壤条件和作物的生物学特性，采用不同的种植方式，合理搭配种植。衡水市无霜期较长、热量充足，应积极发展轮作、间作、立体种植等种植方式。

（1）轮作种植应遵循的原则

①高耗水作物与低耗水作物搭配，有利于水分恢复和平衡。

②深根作物与浅根作物搭配，以充分利用土壤深层储水，并增强土壤蓄纳降水的能力，提高土壤水分的保蓄能力。

③根据当年降水年型和播前土壤墒情合理安排种植。在干旱年种植耐旱作

物，丰水年种植丰水高产品种。

（2）立体种植遵循的原则

①不仅作物地上部分的茎、枝、叶应当分布合理，而且，作物根系也应搭配合理，使地下部分深、浅根作物配合，达到既提高光热资源利用率，又提高不同深度的土壤水分利用率的目的。

②根据当地的降水特征，做到不同需水特征的作物合理搭配，并特别重视利用夏秋季节的雨热资源。

③充分注意不同作物的需水要求，采用不同的耕作方式。

④根据作物套种的需水特点，调整灌水时间和灌水方式，尽量做到套种作物和前茬作物或另一套种作物之间一水两用。

## 三、适用条件及存在问题

对于水资源短缺严重，种植结构不合理，粮食作物种植比例过大，经济作物比例过小，作物种植与降水、光热不适应，茬口不合理，连茬、重茬过多的地区适宜采用该项技术。

有的地方政府在长期计划经济思想束缚下，强调"以粮为纲"，使得包括各种经济作物在内的"多种经营"实际上处于被限制的状态。农民大多还处在一家一户的分散种植状态，种植结构处于无序的局面，种植结构调整难以推行。

种植结构优化的工作对象是广大农民和千家万户，由于目前很多地方还没有建立节水经济机制，国家的节水目标与农民增产、增收目标不一致，影响了种植结构调整的推行。如北京地区将原来的小麦—夏玉米一年两茬种植模式改为限水型作物春玉米一年一茬后，尽管能节水150立方米/亩，但农民收入减少55元/亩，如果农民得不到节水成本补偿，难以调动广大农民节水的积极性。

近几年来，衡水市积极推广节水农业种植结构调整技术，按照以水定产业结构布局、以水定发展方向的思路，积极推进农业种植结构的调整。采取压面积、提单产、保总产的方式，压缩了高耗水的冬小麦等作物，扩大林草等节水作物。通过种植结构的调整，每年可节水1亿多立方米。

# 第二节 适合衡水地区的一年两熟种植模式

衡水由于自然地理、气候及耕作习惯等因素，大田作物种植模式除棉花一年一熟外，大部分为一年两熟制，其中，又以冬小麦-夏玉米种植模式占绝大部分面积。近年来，随着地下水超采综合治理和耕作制度的变化，一年两熟制种植模式也在不断进行探索，下面就几种一年两熟制种植模式的节水种植技术进行论述，供广大农户参考。

## 一、油葵-夏玉米节水种植模式

### 1. 早春播油葵覆膜种植技术

（1）播期选择

油葵是耐寒、耐旱、管理简便的一种油料作物，油葵可凌茬播种，为争取农时，春季播种时间应尽量提前，可在土壤化冻后覆膜播种。油葵幼苗可忍耐-7℃的低温。播种前如果墒情较好，可直接施底肥耕作。如果墒情不足，可根据墒情进行定额灌溉，也可浇灌水 35~45 立方米/亩造墒。

（2）品种选择

选择早熟、高产、优质、抗逆的品种，因为是一年两熟，考虑到下茬作物要及时播种，要选择的油葵品种，生育期不能超过 95 天。因此，可以选择新葵 20、新葵 22 等一些早熟品种。

（3）整地施肥

油葵根系发达，且扎地深广，瘠薄、肥沃土地均可种植，但在肥沃的地块种植增产潜力更大。因此，要尽量选择土壤肥沃的地块，深翻 20~25 厘米，以满足根系生长和吸收水肥的要求。耕地前可每亩施农家肥 3 000~4 000 千克、复合肥 50 千克。

（4）播种

春季播种油葵要求气温稳定在 10℃，可根据当时天气预报来确定种植时间。

早春播油葵一般在3月下旬至4月上旬播种，油葵耐寒性强，幼苗能耐-7℃的低温。地膜覆盖的油葵可于3月上旬播种，此时播种的油葵可正常生长。亩播量为0.4千克左右，播深掌握在3~5厘米。

（5）中耕除草

中耕可以提温保墒，尤其在早春效果显著，同时，可以达到除草的效果。一般进行2次中耕即可，第一次结合定苗进行，此次中耕提温效果显著，利于早春油葵苗的生长；第二次在现蕾前进行。

（6）肥水管理

现蕾期是油葵需水关键期，此期不仅植株生长迅速，而且是花盘发育的关键期，需要保证水分和养分供应，所以，此期若遇干旱要及时浇水，并结合浇水每亩追施尿素10千克。

## 2. 夏玉米种植技术

（1）播期与品种选择

在前茬作物油葵成熟时，河北省低平原区一般气温都在25℃以上，如果贴茬播种，一般在4~6天出苗。为确保玉米的产量和正常成熟，要视油葵的成熟期确定夏玉米播期和夏玉米品种。按照夏玉米成熟期在10月上旬成熟，向上推算玉米的生育期，选择适宜的玉米品种。油葵在6月上旬成熟的，下茬玉米品种选择生育期为100~110天的品种，油葵在6月中旬成熟的，下茬玉米品种选择生育期为98~105天的品种，油葵在6月下旬成熟的，下茬玉米品种选择生育期为85~95天的品种，油葵在7月上旬成熟的，下茬作物应种植青储玉米或改种谷子、绿豆等其他生育期短的作物。品种选择应遵循抗青枯、抗黑瘤病、抗倒伏、抗蚜虫、品质好、成熟后期脱水快、适宜机械化收获的品种。由于近几年伏旱天气时常出现，玉米品种的抗旱性越来越显得更加突出，玉米根系发达不仅使其抗旱性增强，抗倒性增强，还能增加其抗涝性，并能使玉米吸收深层土壤的水分和营养，增加产量。市场上的玉米如郑单958、衡单6272、先玉335、登海605、金秋963、京单28等，都具有较好的抗旱性能。

（2）一水两用技术

油葵中后期长势茂密，不仅提高油葵的光合作用效率，还可使地面遮阴效果非常好，地面温度降低，地面蒸发量减少，有利于保墒，杂草不宜生长。油葵灌浆期至成熟后期如遇旱情，在油葵灌浆期，可适量喷灌水，不仅有利于油葵灌浆增加产量，还可以借墒播种下茬玉米。如果条件允许，油葵成熟后期在行间进行点播玉米，为夏玉米的生长争取更多时间。此期浇灌水量应根据土壤墒情、气候变化而定，大水漫灌不宜提倡。

（3）播种

为提高种子的发芽率与发芽势，播种前2~5天要对种子进行晾晒，晾晒不要在水泥地面、铁板等上面进行，防止温度较高烫伤种子，影响发芽率。玉米播种一般采取贴茬播种的方式。点播种机采用施肥、播种一体机最好。播种前要了解种子的发芽率、千粒重，计算好每亩播种的密度、粒数、行距、株距，争取一播全苗，这样不仅可以使出苗整齐，还可以节省人工间苗的工序。播种深度一般为3~4厘米。墒情好的播种后可以直接喷洒苗前专业除草剂，墒情较差的可以浇蒙头水或使用喷灌设备进行浇灌，一般浇灌后3天就能进入地里喷洒除草剂。如遇连阴天气，也可喷洒苗后除草剂。除草剂一定要注意喷洒时间适宜，过早或过晚会引起药害。

（4）除草

可选用40%乙阿合剂、52%乙·莠150~200毫升/亩；苗后早期（玉米1~4叶期）可选用23%烟密·莠去津100~120毫升、50%玉宝可湿粉剂100克/亩、或38%莠去津悬浮剂100毫升/亩+4%烟嘧磺隆悬浮剂100毫升/亩；玉米生长中期可以用10%草甘膦水剂200~300毫升/亩、20%百草枯水剂100~150毫升/亩，或40%乙莠悬浮剂150毫升/亩+20%百草枯水剂100~150毫升/亩。

（5）肥水管理

河北省低平原区夏玉米生长期正逢降水量最集中的月份，降水量一般基本能够满足夏玉米的生长需要，但由于近2年出现了持续的伏旱天气，尤其是在玉米的关键生育期，对玉米产量影响较大。在大喇叭口、扬花、灌浆等时期如果遇到持续伏旱，一定要根据墒情进行浇灌。具有一定规模的农场可用喷灌、定额灌溉机、微喷灌等措施进行浇水，既可以达到玉米所需水量的效果，又可达到节水的目标。

（6）适时晚收

一般在籽粒乳线消失、黑层出现后再行收获，利于提高产量和品质。在正常播种情况下，适宜收获期为 10 月 1—10 日，可根据玉米的成熟度确定收获期，可在正常情况下向后延长 3~8 天收获，玉米可提高产量 3%~8%，同时，还可降低玉米籽粒的含水量，当籽粒的含水量低于 28% 时，可以机械收获，含水量越低，机械收获时籽粒的破损率越低，晾晒或烘干的成本越低。但收获也不能太晚，收获太晚易造成秸秆倒伏，影响收获。

## 二、油葵–谷子节水种植模式

河北省低平原区夏播谷子生育期较短，一般在 80~90 天，有效积温在 2 000℃ 左右，播种期不晚于 7 月上旬均可以成熟。油葵–谷子种植模式在 6—7 月倒茬时间较充裕。但应遵循油葵尽量早播的原则，一可以使油葵在雨季来临之前成熟，防治因成熟较晚遇到雨天形成烂盘现象；二为下茬作物谷子争取更长的生长期，提高产量。

谷子根系发达，抗旱性好，对土壤条件要求不高。河北省低平原区降水量最多的月份与夏播谷子生长期相重叠，在正常年份，一般不需要浇水。但在近几年出现了持续伏旱天气，在谷子生育关键期应适量进行浇灌。

### 1. 播期与品种的选择

谷子的品种选择应根据前茬作物油葵的成熟收获时间来定。如果油葵成熟期在 6 月中上旬，谷子可选择生育期较长一些的品种，如果油葵成熟期在 6 月下旬至 7 月初，谷子可选择生育期较短的品种。由于谷子属禾本科植物，前期生长较慢，且容易遇到阴雨天气，杂草危害较重，应选择抗除草剂的谷子品种，苗前用除草剂最好，如果苗前来不及喷打除草剂，在苗期的 3~4 叶时应专用除草剂进行喷洒，效果也较理想。选择谷子品种还要注重优质，品质好的品种商品性好，价格高，容易出售。谷子品种应抗倒伏能力强，抗病性强。如张杂谷系列、衡谷13 号等都是一些抗除草剂、优质、抗倒伏、抗病虫、高产的品种。

### 2. 选地整地

谷子籽粒细小，发芽顶土能力弱，必须在墒情充足、疏松细碎的土壤上才易出苗选择土层深厚、土质疏松、保水保肥能力强、肥力中等以上的旱平地、缓坡地、一水地、水浇地。结合深翻耙压综合整地措施，亩施优质腐熟农家肥2 000~3 000千克。蓄水保墒，将土壤整平耙细，上虚下实，为一次播种保全苗创造良好条件。

### 3. 种子处理

晒种。播前1 周将谷种在太阳下晒2~3 天，以杀死病菌，减少病源并提高种子发芽率和发芽势；选种，播前用清水洗种3~5 次，漂出秕谷和草籽，提高种子发芽率；药剂拌种，可用50%辛硫磷乳液闷种以防地下害虫，药：水：种比例为1：（40~50）：（500~600）；防治白发病、黑穗病。可用20%萎秀灵乳剂或20%粉锈宁乳剂按种子量的0.3%~0.5%拌种。

### 4. 栽培要点

河北省低平原区正常夏播在6 月中下旬，也可在7 月上旬晚播。一般机械播种行距40 厘米，夏播地块4 万~5 万株/亩，每亩播量0.5 千克。播种不可贪密。播量应尽量精准，播后不用人工间苗，在3~4 叶期用配套除草剂进行间苗、除草。

鸟类非常喜欢食用谷子，在成熟期，应注重防治鸟害，可在田间可悬挂一些去鸟的彩带等，条件好的可以在田间放驱鸟噪音。

### 5. 施肥

谷子喜肥，对肥料反应比较敏感，应加强有机肥、无机肥以及氮、磷、钾配合施用，施足底肥，才能满足生长发育需求。试验证明，每生产100 千克谷子，需从土壤中吸取氮4.7 千克、磷1.7 千克、钾5.0 千克。在当前中等地力的田块要想获得500 千克左右的产量，亩需底施优质有机肥4 500~5 000千克，尿素

25~30千克、过磷酸钙50~60千克，氯化钾12~15千克。拔节期每亩追施20千克尿素。

## 三、小黑麦-棉花节水种植模式

小黑麦是小麦和黑麦远缘杂交形成的后代，具有双亲的一些优点，如保持了小麦的丰产性、早熟型，还具有黑麦的抗病性、抗逆性和营养生长茂密性，对病虫害抵抗能力强，对干旱、瘠薄、盐碱等不良环境条件有较强耐性，适应性广，适合在各种土壤上栽培。小黑麦根系发达，分布范围广，吸收水分、养分能力强，叶片细长，有蜡质层，分蘖多，分蘖节糖分储存多，因此，抗旱、抗寒和耐瘠能力强。小黑麦作为饲用可鲜食，也可储存干草。收获期在4月中下旬至5月上旬，可与棉花轮作。棉花属抗旱、耐瘠薄作物，对水分需求较玉米少，实现小黑麦-棉花的轮作，不仅可以实现经济效益，还可达到节水的目的。

### 1. 小黑麦节水种植技术

（1）播前准备

①种子准备。为提高发芽率，将种子精选，在播前晾晒1~2天。测定千粒重及发芽率（发芽率须在85%以上），根据设定的基本苗数计算和调整播种量。害虫易发区应进行种子处理，预防地下害虫。

②肥料准备。尽量多施有机肥，每亩施用量应在2 000~3 000千克。合理确定氮、磷、钾肥用量，全生育期每亩应施纯氮14~16千克、五氧化二磷6~9千克和氧化钾4~5千克。

③精细整地及施底肥。精细整地是保证饲草小黑麦、黑麦播种质量的关键，应达到田面平整，无墒沟伏脊坷垃。将有机肥和全部磷、钾肥及1/2氮素化肥随整地施入。播前须检查土壤墒情，足墒下种，缺墒浇水，过湿散墒，播种适宜土壤含水量：黏土为20%，壤土为18%，沙土为15%为宜。

（2）播种

掌握原则：争取苗全、苗齐、苗匀、苗壮。

河北省低平原区饲草小黑麦、黑麦的适宜播期为9月下旬至10月中旬。不同时期播种量不同，9月下旬至10月5日播种的适宜播量为9~10千克/亩，基本苗应控制在20万~25万/亩。从10月1日开始，以后每晚播1天应增加1万株基本苗。播种适宜深度为3~4厘米，播种应均匀，行距要一致，消灭轮胎沟。达到播行直，不重播，不漏播，做到种满种严，确保全苗，地头要单耕、单旋、单播。出苗后须及时查苗补苗，播后下雨时要及时松土。

（3）冬前苗期管理

掌握原则：促根增蘖，培育壮苗，麦苗长势均匀一致，越冬前达到每亩100万茎左右。播种后如果遇雨，应搂麦松土；雨后板结、苗黄的地块须及时搂麦松土通气保墒。播后如果气温较高，麦苗出现旺长时，及时压麦，防止徒长。如果土壤在上冻前墒情较差，必须浇冻水，增强抗寒力，浇足冻水是饲草小黑麦和黑麦生产的关键措施。

（4）越冬期的管理

力争叶色深绿转紫干尖，不青枯，分蘖节上覆土不浅于2厘米。

①搂麦、压麦。冬季（河北省低平原区在12月中旬及翌年2月上中旬），抓紧搂麦，先搂后压，压碎坷垃，弥合裂缝，防止冻害。

②冻害补水。冻害年份地表干土层超过4厘米时，在饲草小黑麦、黑麦返青前（河北省低平原区2月上旬）可抓紧回暖时机喷灌1~2小时。

（5）返青-起身的管理

目标：早发稳长，群体协调。合理的长相为新叶正常生长，叶色深绿，进入春季分蘖高峰，春蘖增长率为20%左右，无云彩苗。

①搂麦、压麦。返青期以控为主，返青初期，搂麦、压麦增温保墒，促早发快长。青饲生产可在拔节前多次刈割。

②旺苗化控。对于肥力足、群体大、生长快的旺苗，于小黑麦、黑麦返青后喷壮丰胺或矮壮素，控制旺长，预防倒伏。旺苗要注意蹲苗，适当控制肥水。

③病、虫、草害防治。小黑麦、黑麦对白粉病免疫，高抗三锈，虫害发生较轻，但小黑麦、黑麦分蘖期应注意防除杂草。杂草防除方法可人工除草，也可化学防除。化学防除方法为：小黑麦、黑麦返青后，杂草苗期可选用以下药剂：第

一，72% 2，4-滴丁酯乳油 50 毫升/亩；第二，75%巨星干悬浮剂 1 克/亩；第三，72% 2，4-滴丁酯乳油 20 毫升/亩+75%巨星干悬浮剂 0.5 克/亩。以上 3 种药剂任选 1 种，每亩对水 40 千克，进行茎叶喷雾。

（6）后期管理及收获

目标：植株健壮，适时收获。合理长相是叶色浓绿，节间短粗、不早衰、不倒伏。

①浇拔节水与追拔节肥。拔节期是营养生长和生殖生长并进的时期，是需肥较多的时期，在此之前（4 月 10—20 日）应将剩余的全部氮肥追入。随追肥浇拔节水，喷 4~6 小时。

②青饲刈割、青贮收饲、干草晒制。小黑麦饲草用途不同，割收期也不同。在 9 月播种的麦田，如果麦苗生长繁茂，可在浇冻水后放牧或割青。生产青饲可在冬前及春后拔节前多次收刈，直接用于饲喂或加工优质草粉；生产青贮可在饲草小黑麦扬花后 7~10 天收割（植株水分含量需降至 65%~70%）；生产干草可在饲草小黑麦灌浆中期收割，在田间晾晒 2~3 天，饲草含水量降至 20%~25%时打捆，贮存备用。

2. 棉花节水种植技术

（1）播前准备

播前造墒整地，施足基肥。底肥以粗肥为主，每亩施优质粗肥 3~4 立方米，磷酸二铵 20~30 千克，尿素 10~15 千克，钾肥 10~15 千克。

（2）适期播种

河北省低平原区 4 月中下旬至 5 月上中旬均可播种。4 月中旬播种，需地膜覆盖，4 月 25 日至 5 月 1 日可直播，播前晒种 2~3 天。直播棉田每穴种量不低于 2~3 粒，机播每亩播种量 1~1.5 千克。深播、浅覆土、晚放苗可防倒春寒。为减少间苗工作量，根据密度调整播量，高水肥地棉田留苗 2 300~2 800 株/亩，中等肥力棉田留苗 3 000~3 500 株/亩，旱播盐碱地 3 500~4 200 株/亩。

（3）科学肥水管理

棉花花铃期是水肥敏感期，此期正值河北省低平原区降水量较频繁阶段，一般不用浇水。如果遇到极端持续干旱，根据棉花长势长相适时适量浇水，同时，追施尿素 5~10 千克/亩左右，补施钾肥 7.5~10 千克/亩。视长势，后期可补施盖顶肥。

（4）防治虫害

应及时防治棉铃虫、蚜虫、棉蓟马、红蜘蛛等棉花害虫，尽量选择低毒高效的农药，施药时加强防护，防止人员中毒。

（5）化控与打顶

棉花生长势较强，要求全生育期化控，掌握少量多次、前轻后重的原则，根据棉花的长势及灌溉和田间降水情况适时化控。缩节胺用量：蕾期用量约 1 克/亩，初花期约 1.5 克/亩，花铃期 1~1.5 克/亩。7 月中旬适时打顶，打顶过早易早衰。

## 四、马铃薯–谷子节水种植模式

马铃薯属温凉作物，在河北省低平原早春播覆膜种植，可在 6 月中旬前后成熟，并与下茬作物谷子进行轮作，2 种作物在茬口上可以衔接，取得较高的经济效益和节水效果。马铃薯一般每亩产量在 2 000~2 500 千克，高水肥地块可达 3 000~3 500 千克。每立方米水产生的经济效益一般高于冬小麦。

1. 马铃薯节水高效节水种植技术

（1）种薯准备

适宜的品种对马铃薯的品质、产量影响很大。河北省低平原区应选择早熟品种，其成熟期应在 6 月中旬以前。适宜的品种有：克新 1 号、费乌瑞它、中薯 3 号、中薯 5 号、大西洋、早大白、冀张薯 11 号等，这些品种结薯早、薯块膨大快、商品性好。种薯要进行脱毒，纯度高，一般选择原种或一级种薯。表皮应光亮完整，没有机械创伤，不能有病虫害和机械创伤，如果是冬季储存的种薯，应注意是否有冻害。为提高产量、苗齐苗壮，河北省低平原区种前必须进行催芽。催芽时间在播种前 35~45 天，选择避光 15~18℃的条件下进行，芽长 0.5~1.0 厘米时晒芽，种薯在散射光下平铺，幼芽浓绿（或紫绿）粗壮时，就可以做好切块准备。

（2）切块、拌种

切块前准备 2 把刀具，切一个整薯时更换 1 次刀具，刀具应浸到消毒液中，消毒液可选用 75%的酒精、5%的来苏儿或高锰酸钾溶液。每切 100～120 千克薯块应更换一次消毒液，马铃薯具有明显的顶芽优势，切块时应多利用顶芽，顶芽不够用时可用侧芽，每个芽块不应小于 25 克，尾芽一般不用，如果种薯数量不足，尾芽应单种，适当晚收。种薯块切好后进行拌种，100 千克种块用 72%甲基托布津 70 克，加 10 克农用链霉素，掺 1.5 千克的滑石粉拌种，也可用 80%的多菌灵混新鲜的草木灰拌种，或用科博、适乐时拌种，并在当天进行播种，拌种后的种薯块搁放时间不能超过 24 小时。如果切好薯块后遇雨需延时播种，种薯块堆放不宜集中，防止引起烂种。

（3）播种时间

河北省低平原区 6 月中旬进入夏季，气温偏高，不利于马铃薯成熟。种植马铃薯必须掌握播后出齐苗到当地高温来之前不少于 60 天的生长期。一般土壤 10 厘米地温稳定在 7～8℃为适宜播期，播种过早，出苗后容易遭遇晚霜而受到冻害；播种过晚，结薯期受到高温影响产量和品质。河北省低平原区一般在 2 月下旬至 3 月初地膜覆盖播种，挑选晴天尽量早播，出苗越早，适宜的生长期就越长，产量越高。

（4）地块选择与撒施基肥

马铃薯适宜的土壤一般为中性或偏酸性，沙壤土较好，地块要地势平坦、地力肥沃、浇灌便利、耕作层深厚。河北省低平原区一般两季轮作，尽量不要与茄科作物轮作，马铃薯与油葵、玉米、大豆、谷子、白菜等轮作都能取得较好的效益。有机肥一般在上冻前撒施 3 000～5 000 千克/亩作为基肥，深耕耙平后浇冻水。

（5）播种密度

河北省低平原区播种密度为 4 200～4 500 株/亩，一般采用单垄双行栽培模式，播种沟间距 90 厘米，沟深 15～20 厘米，沟内播 2 行，间距为 15～20 厘米，株距30厘米交叉播种。如果单行播种，行距为70厘米，株距20厘米左右。

（6）种肥与底墒

开好播种沟后，施种肥，氮磷钾复合肥50千克/亩，硫酸钾25千克/亩，肥与土要混合均匀。土壤缺墒时可以浇半沟水造墒，水渗透后播种。

（7）覆土、覆膜、除草

种薯播种后覆细土8~10厘米，整平垄面，喷洒"施田补"或"乙草胺"除草剂，覆盖厚0.05mm地膜。地膜覆盖可以提高地温5℃左右，播期提前10天左右，马铃薯上市提前10~15天。

（8）苗期管理

马铃薯播种后至出苗约30天。从幼苗出土到现蕾约15天，一般幼苗期为4月上中旬。田间出苗时，要将幼苗从地膜中掏出，防止中午膜下高温烫伤幼苗。4月20日前后可以揭膜，追施尿素10千克/亩，培土后浇一水。苗期以根系发育和茎叶生长为主。

（9）发棵期（块茎形成期）水肥管理

现蕾至第一花序开花月20天，此期一般为4月20日至5月10日。现蕾标志匍匐茎顶端开始膨大，第一花序开放时块茎直径达3~4厘米。此期是单株结薯数和产量的关键时期，不能缺少水肥。追肥可用复合肥10千克/亩，为防徒长追肥尽量不用尿素，追肥后再培土一次，垄沟深度达到20~25厘米，上垄宽50厘米左右，下垄宽70左右。7天浇水1次，在垄沟的3/4处为宜。

（10）块茎增长期

盛花期至茎叶变黄为块茎增长期，一般在5月中下旬，约15天。此期时马铃薯需水、肥最多的时期，是薯块生长大小和形成产量的关键时期。7天浇水1次。为防止植株徒长和促进下部生长，封垄时每亩用30克多效唑对水25千克喷洒叶面。

（11）淀粉积累期

茎叶衰老变黄至植株2/3处为淀粉积累期，一般在5月下旬至6月上旬，茎叶不再生长，块茎体积不再增大，但块茎重仍然增大，此期是淀粉积累的主要时期，浇水不能过大，半沟水就能满足马铃薯需要。叶面肥用 $KH_2PO_4$ 喷施，可促薯皮老化。

（12）收获期

收获前 5~10 天应停止浇水。当马铃薯上部叶茎变黄时，淀粉积累即为最高值，即可收获，一般在 6 月上中旬。收获时注意避免机械损伤。6 月中上旬成熟，轮作的下茬作物可以种植大豆、玉米、油葵等，如果 6 月下旬或以后收获，则可种植谷子、萝卜、菜花、白菜、大葱等。

（13）病虫害防治

河北省低平原区春种马铃薯主要病害有早疫病、晚疫病和黑胫病。苗期遇到低温多雨易发生晚疫病，可用 72% "霜脲·锰锌" 可湿性粉剂或 "甲霜灵锰锌" 800 倍液进行防治；出苗至现蕾期容易发生 "黑胫病"，田间发现病株要及时挖除并移除到地外，防治用 "可杀得 2000" 或农用链霉素等细菌性杀菌剂叶面喷洒并灌根 2 次；现蕾后遇高温干旱容易发生早疫病，发病初期可用 500 倍的 "代森锰锌" 或 600 倍的 "大生" 进行防治。

### 2. 一水两用节水技术

在马铃薯成熟后期，即收获前 8~10 天，可在垄沟灌浇少量的水，既可以满足马铃薯生长后期所需水分，易于收获，又可以为下茬作物谷子播种造墒。马铃薯收获可用专业收获机进行，收获速度要快，争取时间，防治晾墒跑墒。如果墒情较差，可用微喷带、定额灌溉机、喷灌等设备进行定额灌溉，灌溉量根据墒情来定，灌溉后 2~4 天应墒情适宜。尽量不用大水漫灌的方式进行浇灌，这种方式：一是浪费水量，二是晾墒延误农时，遇到阴雨天还会因土壤含水量长时间过高影响整地播种。

### 3. 谷子节水种植技术

谷子种植技术，可参考本节 "二、油葵-谷子节水种植模式" 中的谷子种植技术内容。

# 第三章 耕作覆盖保墒及水肥耦合节水技术

## 第一节 耕作保墒技术

### 一、深松蓄墒技术

深松是指疏松土壤，打破犁底层，使雨水渗透到深层土壤，增加土壤储水能力，并且不翻动土壤，不破坏地表植被，减少土壤水分无效蒸发损失的耕作技术。

1. 技术原理

长期浅耕及机械的田间作业会造成土壤压实，在距地表 16~25 厘米下面形成坚硬、密实黏重的犁底层，阻碍雨水下渗，减弱土壤蓄水能力，影响作物根系发育，导致作物减产。深耕松土就是使用深松机械将犁底层耕松，创造疏松深厚的耕作层。通过深松加厚了活土层，疏松的土层增加了土壤孔隙度，提高土壤接纳降雨的能力，切断了土壤水分向地表移动的通道，减少了土壤下层水分表逸的机会和数量，进而达到蓄水保墒的效果。一般耕作时，水分入渗量只有 5 毫米/升，1 米土层蓄水量不足 90 立方米/亩，深耕松土后土壤水分入渗量达到 7~8.5 毫米/升，1 米土层蓄水量达 120 立方米/亩。

2. 技术要点

深松有全面深松和局部深松 2 种。全面深松使用深松犁全面松土，适用于配合农田基本建设，改造耕浅层的黏质土；局部深松则是用杆齿、凿形铲进行松土与不松土间隔的局部松土，即深松土少耕法。

（1）技术要求

深松时间。适时深松是蓄雨纳墒的关键，深松的时间应根据农田水分收支状况决定，一般宜在伏天和早秋进行。对于一年一熟麦收后休闲的农田要及早进行伏深松或深松耕，一年两熟区一般在播种前进行。

深松深度。深松深度因深松工具、土壤等条件而异，应因地制宜，合理确定。一般深松深度以 20~22 厘米为宜，有条件的地方可加深到 25~28 厘米，深松耕深度可至 30 厘米。

深松间隔。密植作物（小麦等）的深松间隔为 30~50 厘米，宽行作物（玉米等）深松间隔 40~70 厘米。

作业周期。深松有明显的后效，一般可达 2~4 年。因此，同一块地可每 2~4 年进行 1 次深松。

（2）机具要求

①深松作业前的土壤比较坚硬，深松机入土困难，牵引阻力大，需匹配大功率拖拉机。

②根据土质、土壤墒情、深松幅宽确定拖拉机功率匹配。

③深松作业是保护性耕作技术内容之一，保护性耕作要求秸秆和残茬覆盖地表，因此，要求工作部件（松土铲）有良好的通过性能而不被杂草缠结。

④深松机要求具有保证其松土而不粉碎土壤、不乱土层的性能。

⑤深松机工作部件应使土壤底层平整均匀。

（3）农艺要求

①深松后为防止土壤水分的蒸发，应根据土壤墒情状况确定是否镇压表土。

②深松后要求土壤表层平整，以利于后续播种作业，保证播种时种子覆土深度一致。

3. 适用条件

该技术适宜在地势平坦，土层深厚，农业机械化程度高的地区推广使用。各地区可以根据当地的自然环境条件、社会经济状况、农业生产特点和科技水平等，将深松蓄墒技术跟各类水源工程（降雨集流工程、小微型蓄、引提、灌工程等)、灌溉工程(喷、微灌、沟渠灌等)以及其他农业节水措施结合,进行集成配套,形成节水、增产、增效的综合技术模式。

## 二、耙耱镇压保墒技术

耙耱是改善耕层结构达到地平、土碎、灭草、保墒的一项整地措施。镇压既能使土壤上实下虚,减少土壤水分蒸发,又可使下层水分上升,起到提墒引墒作用。

### 1. 技术原理

所谓耙耱是指翻地后用齿耙或圆盘进行碎土、松土、平整地面等措施。实行翻地-耙地-耱地的"三连贯"作业,可以进一步耱碎表土、耱平耙沟,使田面更加平整,并具有轻压作用,在地面形成一个疏松的覆盖层,减少土壤水分蒸发。秋翻地要随犁、随耙、随耱,称为秋耕地耙耱。小麦为了防止土壤返浆水的无效蒸发,要进行早春顶凌耙耱,时间一般在早春土壤解冻2~3厘米(即昼消夜冻期间)。顶凌耙地保墒的关键:一是要早;二是要细;三是次数要适宜。

### 2. 技术要点

(1) 耙耱时间

耙耱保墒主要是在秋季和春季进行。麦收后休闲田伏前深耕后一般不耙,其目的是纳雨、蓄墒、晒垡、熟化土壤。但立秋后降雨明显减少,一定要及时耙耱收墒。从立秋到秋播期间,每次下雨以后,地面出现花白时,就要耙耱1次,以破除地面板结,纳雨蓄墒。一般要反复进行多次耙耱,横耙、顺耙、斜耙交叉进行,力求把土地耙透、耙平,形成"上虚下实"的耕作层,为适时秋播保全苗创造良好的土壤水分条件。秋作物收获后,进行秋深耕时必须边耕边耙耱,防止土壤跑墒。

早春解冻土壤返浆期间也是耙耱保墒的重要时期。在土壤解冻达3~4厘米深,昼消夜冻时就要顶凌耙地,以后每消一层耙一层,纵横交错进行多次耙耱,以切断毛管水运行,使化冻后的土壤水分蒸发损失减少到最低程度。在播种前也常进行耙耱作业,以破除板结,使表层疏松,减少土壤水分蒸发,增加通透性,提高地温，有利于农作物适时播种和出苗。

（2）耙耱深度

耙耱的深度因目的而异。早春耙耱保墒或雨后耙耱破除板结，耙耱深度以3~5厘米为宜，耙耱灭茬的深度一般为5~8厘米，但耙耱播种的地，第一次耙地的深度至少8~10厘米。在播种前几天耙耱，其深度不宜超过播种深度，以免因水分丢失过多而影响种子萌发出苗。

（3）镇压时间

播种前土壤墒情太差，表层干土层太厚，播种后种子不易发芽或发芽不好，尤其是小粒种子不易与土壤紧密接触，得不到足够的水分时，就需要进行镇压，使土壤下层的水分沿毛细管移动到播种层上来，以利种子发芽出苗。

冬季地面坷垃太多太大，容易透风跑墒。在土壤开始冻结后进行冬季镇压，压碎地面坷垃，使碎土比较严密地覆盖地面，以利冻结聚墒和保墒。

**3. 适用作物**

主要适用于小麦、玉米、甘蔗等大田作物。

**4. 适用条件**

镇压一般是在土壤墒情不足时采取的一种抗旱保墒措施。镇压后表层出现一层很薄的碎土时是采用镇压措施的最佳时期，土壤过干或过湿都不宜采用。土壤过干或在沙性很大的土壤上进行镇压，不仅压不实，反而会更疏松，容易引起风蚀；土壤湿度过大时镇压容易压死耕层，造成土壤板结。此外，盐碱地镇压后容易返盐碱，也不宜镇压。

另外，将耙耱镇压技术跟其他农艺节水措施，如秸秆还田、培肥施肥等相结合，可以更加有效地增强土壤蓄水保墒能力，实现节约用水，达到增产增效。

**5. 存在问题**

广大农民对耙耱镇压技术的保墒、增产效果认识不够，没有从传统的耕作方式转变过来，农业机械化水平低，耙耱镇压耕作机械严重不足，制约了保护性耕作新技术的全面推广。

### 6. 采取措施

加大宣传力度，提高农民对耙耱镇压耕作技术的认识，充分利用国家购机补贴政策，加大地方政府对农业机械的资金投入和政策优惠，下大力气搞好农机大户的示范带动工作，达到以点带面，辐射四周，逐步实现大范围推广。

# 第二节　覆盖保墒技术

作物田间通过利用作物秸秆或地膜覆盖，可以截留和保蓄雨水及灌溉水，保护土壤结构，降低土壤水分消耗速度，减少棵间蒸发量和养分损耗，从而提高水资源利用效率。同时，该技术具有调节土温、抑制杂草生长等多方面的综合作用。覆盖保墒技术根据覆盖材料的不同，分为地膜覆盖和秸秆覆盖 2 种形式。

## 一、地膜覆盖保墒技术

### 1. 技术要点

（1）精细整地

精细整地是地膜覆盖的基础。地膜覆盖的田块秋季收获后要进行秋、冬翻耕，耕后及时耙耱保墒。第二年春季只耙耱不翻耕，早春要及时顶凌耙耱保墒。雨后还要及时耙耱保墒。经过这些工序，达到地平、土碎、墒足，无大土块，无根茬，为保证覆膜质量创造良好条件。

（2）科学施肥

根据土壤养分亏缺状况科学配比施肥，是地膜覆盖增产的保证。一般来说，在土壤翻耕时要施足基肥。基肥以有机肥和磷肥为主，有机肥施用量较常规增施30%～50%，作物中后期应及时采用扎根追肥、灌水的方法补充肥水，以防止作物脱肥早衰。高肥地块氮素肥料应减20%左右，增施磷、钾肥，以控制作物徒长。低肥地块增施氮肥，则有利于增产。

（3）早起垄

在冬前或早春整好地后随即起垄。垄应做成中间高、两侧呈缓坡状的圆头高垄。一般垄高 10~15 厘米，垄底宽 50~60 厘米。垄向以南北向为宜。垄做好后，再轻轻镇压垄面，使垄面光滑平整，覆膜时地膜容易绷紧，使膜面紧贴垄面，达到更好的增温保墒效果，而且还有利于土壤毛细管水分上升。在干旱少雨地区，大面积采用地膜覆盖时，应在垄沟中分段打埂，以便纳雨蓄墒。

（4）喷洒除草剂

地膜覆盖容易在膜下滋生杂草，特别在多雨低温年份，易形成草荒，与作物争水、争肥、争光照，影响覆膜效果。所以，在覆膜前要适当使用除草剂，按照适宜的剂量和稀释浓度，均匀地喷洒地面，以防药害。为保证安全，可按常规用量减少 20%。

（5）覆膜

覆膜质量直接关系到地膜覆盖的效果，是地膜覆盖栽培的关键。整地、起垄、喷洒除草剂后应立即覆膜。覆膜时要将地膜拉展铺平，使地膜紧贴地面。地膜的两侧、两头都要开沟埋入土中，并要压紧、压严、压实，使膜面平整无坑洼，膜边紧实无孔洞。然后再在膜面上每隔 1.5 米压一土堆，每隔 3 米压一土带，以防风吹揭膜。应用地膜覆盖机覆膜功效高，质量好，均匀一致，并且节省地膜。

（6）播种与定植

播种与定植的时间、方法、质量，关系到出苗早晚和缓苗快慢，是地膜覆盖的主要技术环节，因此，应根据不同作物、不同地区和地膜覆盖的特征，选择适宜的播期。地膜覆盖的春播作物，一般是晚霜前播种，晚霜后出苗或放苗，播种、定植过晚则失去地膜覆盖的意义。一些抗寒作物可以适当提早，但由于盖膜后播种至出苗的时间缩短，出苗期较早，所以，播种也不能过早，以防早春霜冻危害。

地膜覆盖的播种方式一般采用先盖膜后播种或定植，主要有条播、穴播、移栽等几种方式。播种时先按株、行距在膜面上开直径为 4~5 厘米的圆孔或十字形口，然后再播种或定植。随后要及时用湿土把播种或定植孔连同地膜一起压实封严，以防风吹揭膜，降低地温和蒸发失水，并可抑制杂草。

（7）田间管理

在播种、定植后，覆盖在田间的地膜常会因风吹、雨淋、田间作业等遭到破坏，有的膜面出现裂口，有的膜侧出现漏洞，如不及时用土封堵严实，地膜会很快裂成大口，使地温下降，土壤水分损失，杂草丛生，失去覆膜的作用。因此，在田间管理时，应注意不要弄破地膜，要经常检查，发现破口及时封堵，以防大风揭膜，造成毁苗伤苗。

在先播种后盖膜的农田，出苗后应及时打孔放苗。孔的大小以 4 厘米为宜，按照密度确定适宜的株距。幼苗放出后，及时用土把孔口密封严实，防止透气和灌风揭膜。先盖膜后播种的田块，如播种后遇雨，易形成板结，应及时破除播种孔的硬结，以利幼苗出土。幼苗出土后，应根据不同作物，在适宜的时期进行间苗、定苗，保证全苗，达到适宜的密度。

其他的田间管理，如中耕除草、追肥、防治病虫害等，应根据不同地区、不同作物、不同生育阶段，采取相应的措施。此外，地膜覆盖的作物，往往前期容易徒长，后期容易早衰。因此，在前期要注意控水蹲苗，促进根系生长。在中、后期要注意灌水、追肥，防止脱肥早衰，促使作物早发、稳长、不早衰。

在地膜覆盖下，作物生育期普遍提前，成熟期较早，应及时收获，达到增产增收的目的。作物收获后，要及时拣净，收回田间的破旧地膜，以免污染土壤，影响下茬作物的生长发育。

2. 适用条件及范围

地膜覆盖适用于地势平坦、肥力较好、土质疏松、有一定保水和保肥能力的地块。在坡地、沙土地、涝洼地、冷渍田、瘠薄地、重盐碱地和无水源的严重干旱地不适用。此外，风口地块也不宜选用。一般年平均气温在5℃以上，无霜期125 天左右，有效积温在2 500℃左右的地区，适宜推广玉米地膜覆盖栽培技术。在降水量400 毫米以上的地区适宜推广小麦地膜覆盖栽培技术。

地膜覆盖适用于多种作物作物，包括小麦、玉米、棉花、水稻、花生、甘薯、马铃薯、甜菜、烟草、向日葵等大田作物和蔬菜、瓜类、果树等园艺作物。

各地区可以根据当地的自然环境条件、社会经济状况、农业生产特点和科技水平等，将地膜覆盖技术跟各类水源工程（降水集流工程、小微型蓄、引提、灌工程等）、灌溉工程（微灌、沟灌等）以及与其他节水措施结合，进行集成配套，形成节水、增产、增效的综合技术模式。如棉花膜下滴灌、小麦垄膜沟种涌泉灌以及膜孔灌、膜上灌等地膜覆盖与灌水方法结合的综合技术模式，都具有较好的节水增产效果。

### 3. 存在问题

（1）废弃地膜对农田生态环境的污染

目前，我国农用地膜的残留量相当严重，每年残存于土壤中的农膜占总量的10%左右，由于地膜的原料多为高分子化合物，自然条件下很难分解，地膜的残留影响土壤的团粒结构和土壤微生物的活动，不利于耕作，污染农田生态环境。故提倡用光解膜、生物降解膜、双解膜、液体地膜等替代塑料薄膜。为了更有效地解决农膜残留问题，同时，应积极发展残膜的机械化回收和再利用技术，彻底消除"白色污染"。

（2）地膜覆盖的机械化程度和质量不高

人工覆膜不但浪费大量农事操作时间，也无形中增加了农业投入。机械化覆膜能大大提高覆膜效率，降低生产成本，但同时机械化覆膜质量较差且浪费地膜，因而，限制了其推广的速度。

### 4. 采取措施

①充分发挥县、乡级农机技术服务部门的指导、管理与协调作用，以农户为推广对象，组织教育培训，按照"试验、示范、推广"的基本程序进行，组织召开现场会，通过参观对照田、算对比帐等示范方法，宣传、教育、吸引农民自觉采用新技术，并将宣传材料送到农民手中。

②农业技术推广部门深入乡、镇、村屯举办培训班，采用看录像片等形式对农民培训，选择示范村进行对比试验，掌握农艺过程、操作技术和产量对比数据，及时总结试验结果。

③为了保证大面积的推广，财政部门应增加补贴投入，以便于推广工作的顺利进行。

目前，市场上主要有普通塑料地膜、渗水地膜、液态地膜、降解地膜等多种农用地膜。配套地膜覆盖播种机具有膜上播和膜侧播两大类。从形式上分有人力式和机引式两种，从用途上分有单用途的机型和兼有旋耕、起垄、施肥、坐水等功能的联合作业机型。农户可根据自己实际需求有选择地进行购置。

## 二、秸秆覆盖保墒技术

### 1. 技术要点

（1）主要形式

直茬覆盖，主要应用于小麦联合收割机收获后，小麦高茬覆盖地表；粉碎覆盖，用秸秆还田机对作物秸秆直接进行粉碎覆盖；带状免耕覆盖，用带状免耕播种机在秸秆直立状态下直接播种；浅耕覆盖，用旋耕机或旋播机对秸秆覆盖地进行浅耕地表处理。

（2）覆盖量与覆盖时间

直播作物，小麦、玉米等作物播种后、出苗前，以150～200千克/亩干秸秆均匀铺盖于土壤表面，以"地不露白，草不成坨"为标准。盖后抽沟，将沟土均匀地撒盖于秸秆上；移栽作物，油菜、红薯、瓜类等移栽作物，先覆盖秸秆200～250千克/亩，然后移栽；夏播宽行作物，棉花等宽行作物在最后一次中耕除草施肥后覆盖秸秆，用量200～250千克/亩；果树、茶桑等果茶园，可随时覆，秸秆，用量以春季300千克/亩，秋季250千克/亩为宜；休闲期覆盖，在上茬作物收获后，及时浅耕灭茬，耙糖平整土地后将秸秆铡碎成3～5厘米覆盖在闲地上，覆盖量视土壤肥力状况，一般300～500千克/亩。

总之，覆盖量以把地面盖匀、盖严但又不压苗为度。一般以250～1 000千克/亩为宜。一般原则是：休闲期农田覆盖量应该大些，作物生育期覆盖量应该小些，用粗而长的秸秆作覆盖材料时量应多些，而用细而碎的秸秆时量应少些。

（3）覆盖材料

采用农作物生产的副产品（茎秆、落叶）或绿肥为材料进行农田覆盖。一般情况下，麦秸、稻草、玉米秸秆、麦糠等都可以作为农田和果园的覆盖材料。

（4）灌水方法

灌好底墒水，一般采用 30 立方米/亩左右的小定额灌水。

（5）田间管理

均匀覆盖，注意病虫草害。

## 2. 适用作物

秸秆覆盖技术不仅适用于小麦、玉米、水稻等大田粮食作物，也适用于果树、蔬菜、牧草等经济和饲料作物。

## 3. 适用条件

适用于我国南北各地的气候与土壤条件。秸秆覆盖条件下，使用地面灌溉时会出现秸秆随水漂移壅塞阻水、灌水均匀度低、灌水定额大等难以解决的技术问题。因而，秸秆覆盖技术必须与适宜的田间灌水技术相结合，才能充分发挥其节水效果。实践证明，采用孔口出流软管灌水、卷盘自回收 PE 管地面机具灌水或喷灌等灌水方法，可以较好地解决灌水过程中壅塞阻水及秸秆漂移问题。

## 4. 与其他节水措施的关联性

秸秆覆盖技术还可以跟节水高效灌溉制度以及其他农艺节水措施相结合，进行集成配套，形成节水、增产、增效的综合技术模式。

## 5. 节水、增产、增效综合效果

大量的试验示范结果表明，应用秸秆覆盖技术可以显著改善农田水、肥、气、热状况，促进作物生长发育，提高产量。河北灌溉试验中心站的试验结果表明，秸秆覆盖农田能增强降水入渗，玉米地 1 米土层含水率比对照提高 0.37%～4.45%，麦田提高 0.79%～2.24%。河南省气象科学研究所的研究证实，冬小麦、夏玉米实行秸秆覆盖，可节水 120～150 立方毫米，增产 120～150 千克/亩。

灌溉农田采取秸秆覆盖措施可以推迟灌溉期，减少灌水次数。华北地区冬小麦生育期一般灌 1～3 水，灌水定额在 40～50 立方米/亩，秸秆覆盖后可节水 21.4%～24.5%，夏玉米可节水 14.3%～19.0%。

### 6. 推广应用总体情况

（1）应用范围

农田秸秆覆盖在我国发展十分迅速，目前全国秸秆覆盖面积已达1亿多亩。

（2）限制因素

①覆盖均匀度不易控制，在大田应用秸秆覆盖技术时，多采用联合收割机把上一茬作物秸秆粉碎成5～10厘米的秸秆段，直接撒在田间。由于不是专业机械喷洒秸秆，致使秸秆覆盖地面不均匀，常常需要人工整理，给秸秆覆盖的均匀度控制带来困难。

②受气候条件影响较大，根据一些研究数据分析，在雨量相对充沛的旱作地区对冬小麦进行秸秆覆盖，能够显著降低冬小麦的产量。这主要是由于降水量过多，致使秸秆浸水湿透完全贴敷在作物颗间地面，造成作物根部呼吸困难，从而影响了作物的生长。另外，秸秆覆盖常受到风向和风速的影响，即使覆盖作业时分撒均匀，在休闲期和越冬期（作物出苗长大之前），秸秆往往被风吹动，造成覆盖的厚薄不均，影响了作物的正常生长。

③容易引发病虫害，在一定的湿度、温度条件下，秸秆在田间分解时，往往发生复杂的化学反应，有时会释放出有害气体，诱使作物发病。

④缺乏专用播种机械设备，在秸秆覆盖条件下进行播种，往往造成播种的堵塞，影响播种质量。在国内外所有播种机械中，当秸秆覆盖量达到50%以上时，播种机械就会发生堵塞，种沟不能正常弥合。

⑤缺乏合理的秸秆覆盖技术作业制度，根据不同作物秸秆、种植的作物种类和面积以及施工所需的施工机械，按照施工的先后顺序制定一套完整的工作模式，以达到秸秆覆盖的省时、省工和高效。如何根据实际情况制定出高效作业制度，是实行大面积推广急需解决的问题。

（3）推广措施

及时检查、督促，使各项任务落到实处，做好技术培训和指导工作，进行现场参观学习，加深直观印象。用报纸杂志宣传，报道该项技术及效果，为大面积推广做好宣传。

### 三、水肥耦合节水技术

水肥耦合技术就是根据不同水分条件，提倡灌溉与施肥在时间、数量和方式上合理配合，促进作物根系深扎，扩大根系在土壤中的吸水范围，多利用土壤深层储水，并提高作物的蒸腾和光合强度，减少土壤的无效蒸发，以提高降水和灌溉水的利用效率，达到以水促肥，以肥调水，增加作物产量和改善品质的目的。

#### 1. 技术原理

作物根系对水分和养分的吸收虽然是两个相对独立的过程，但水分和养分对于作物生长的作用却是相互制约的，无论是水分亏缺还是养分亏缺，对作物生长都有不利影响。这种水分和养分对作物生长作用相互制约和耦合的现象，称为水肥耦合效应。研究水肥耦合效应，合理施肥，达到"以肥调水"的目的，能提高作物的水分利用效率，增强抗旱性，促进作物对有限水资源的充分利用，充分挖掘自然降水的生产潜力。

不同水分胁迫条件下，水肥对作物的生长发育和生理特性有着不同的作用机理和效果。首先，在水分胁迫较轻时，养分能显著促进作物的根系和冠层生长发育，不仅增强了根系对水分和养分的吸收能力，而且提高叶片的净光合速率，降低气孔导度，维持较高的渗透调节功能，改善植株的水分状况，从而促进光合产物的形成，最终表现为产量的提高。然而随着水分胁迫的加剧，养分的作用机理和效果发生了不同的变化。氮素的促进作用随水分胁迫的加剧慢慢减弱，在土壤严重缺水时甚至表现为副作用，这说明氮肥并不能完全补偿干旱带来的损失。因此，随干旱胁迫的加重应适当减少氮肥的用量。与氮肥相反，在严重水分亏缺条件下，磷肥能促进作物的生长与抵御干旱胁迫的伤害。氮、磷有很强的时效互补性和功能互补性，合理搭配能显著增产，达到高产、稳产和提高水分利用效率的目的。

对氮素和水分相互关系研究发现，由于含氮化合物需要相对较大的能量用于合成和维持生命，限制氮素的供应则可能导致含氮化合物在老的组织中转移并供同样需要能量的幼嫩组织利用。在氮素亏缺条件下，植株地上部与地下部比率下降，导致非光合组织相对增加，因而不利于水分利用效率的提高。有研究指出，施肥使冬小麦叶水势下降，增加了深层土壤水分上移的动力，使下层暂时处于束缚状态的水分活化，扩大了土壤水库的容量，提高了土壤水的利用率，达到了"以肥调水"的目的。

通过对一定区域水肥产量效应的研究，同时，预测底墒、降水量，就可以根据模型确定目标产量，拟定合理的施肥量，为"以水定产"和"以水定肥"提供依据，就可以在区域内"以肥调水""以水促肥""肥水协调"，提高水分和肥料的利用效率，对大面积农业增产具有实际指导意义。但因为不同地区水量、热量、土壤肥力等条件不同，其肥水激励机制也存在明显差异。所以，在某一区域建立的水肥耦合互馈效应模型，只能在相似地区适用，在另一地区用的效果则不理想或不适用。

## 2. 技术要点

### （1）平衡施肥

平衡施肥是指作物必需的各种营养元素之间的均衡供应和调节，以满足作物生长发育的需要，从而充分发挥作物生产潜力及肥料的利用效率，避免使用某一元素过量所造成的毒害或污染。

平衡施肥的技术要领：采集土样分析，确定土壤肥力基础产量，确定最佳元素配比与最佳肥料施用量。

### （2）有机肥、无机肥结合施用

有机肥与无机肥配合施用，能提高土壤调水能力，增产效果较好。但施用时应根据有机肥料和无机肥料种类的特点，适时、适量运用。使用中应考虑以下几点。

①有机肥料含有改良土壤的重要物质，其形成腐殖质后，具有改善土壤水分结构和增进土壤保水、保肥能力的作用，能提高作物对土壤水的利用率，化学肥料只能提供作物矿质养分，无改良土壤作用，对中下等肥力土壤应尽量多使用有机肥料，并根据土壤矿质养分状况配合施用一定量化肥。

②有机肥料在分解过程中会产生各种有机酸和碳酸，可促进土壤中一些难溶

性磷养分转化成有效性养分，在一定程度上了提高土壤磷养分总量。因此，可以适当降低使用化肥磷量的标准。

③有机肥料供肥时间长，肥效缓慢，化肥肥效快，两者具有互补性。因此，有机肥应适当早施，化肥则可根据作物需肥情况按需施肥。

④在施用碳氮比比较高的有机肥，如秸秆还田时，要适量增施氮肥，防止作物脱氮早衰，避免产量下降。

⑤由于种植作物种类及轮作方式不同，作物所需有机肥与化肥比例会有较大差异。如豆科作物可能需要有机肥、磷肥量多一些，氮肥需要量就很少，对于玉米，有机肥、化肥均应多施一些。所以，有机肥、化肥施用中应根据土壤养分状况、作物需肥和种植方式情况不同而不同。

（3）采用适宜的施肥方式

对密植作物宜用耧播沟施，对宽行稀植作物以穴施为好，施肥后随即浇水，花生、棉花、油菜等作物根据生长需要，可结合运用根外追肥。

（4）控制灌水定额

研究表明，灌水定额超过70立方米/亩便容易造成肥料淋失，在畦灌条件下灌水定额宜控制在50立方米/亩以内。

**3. 适用条件及使用情况**

水肥耦合技术使用范围广，可应用于各类作物。水肥耦合效应与土壤状况、作物种植方式等密切相关，不同作物在不同的土壤条件下，水肥耦合关系也会不同。因此，使用水肥耦合技术时应根据当地具体情况，将灌水与施肥技术有机地结合起来，调控水分和养分的时空分布，从而达到以水促肥，以肥调水的目的，进而使作物产量最高，经济效益最好。

**4. 与其他节水措施的关联性**

水肥耦合技术可以跟各种田间灌水技术、节水高效灌溉制度以及其他农艺节水措施相结合，进行集成配套，形成节水、增产、增效的综合技术模式。

**5. 节水、增产、增效综合效果**

据中国农科院农田灌溉研究所在河南新乡的研究表明，不同灌水条件下，对冬小麦、玉米、花生等作物进行适宜的水肥管理，与原灌水量相比，地面灌可节水 15%~20%，喷灌可节水 35%~60%，主要作物增产幅度为 9%~17%，化肥有效利用率提高 15%~20%，主要作物的水分生产率达到 1.5~2.1 千克/立方米。

## 6. 推广应用总体情况

### （1）研究进展

我国从"八五"开始，在水肥交互作用及耦合模式研究方面开展了大量工作，取得了很大的进展，目前水肥耦合技术在我国南北各地都有一定的应用，但推广面积不大。

### （2）限制因素

一是缺乏成熟的技术模式。尽管我国在"八五"以来一直把水肥耦合作为重点攻关课题之一，也取得了一定的研究成果，但由于各地区气候、土壤条件不同，在某一地区取得的成果，在另一地区应用的效果则不理想或不适用。二是基层农技服务部门的示范、宣传工作不到位，农民对水肥耦合技术提高产量、节本增效的认识不够。

### （3）推广措施

广泛建立示范区，选择有条件的乡、镇建立示范区，进行测土配方施肥，免费为农民提供技术服务。利用举办培训班、专家下乡讲课等形式，加强测土配方施肥技术的宣传、培训、推广力度。

# 第四章　应用抗旱节水制剂技术

## 第一节　抗旱节水制剂的原理与种类

### 一、基本原理

抗旱节水制剂是节水农业技术中一项非常重要的辅助技术，它是利用现代化学技术提取、合成及生物技术手段研制成的制剂，具有操作简便、见效快、容易推广等优点，多年试验和生产实践证明它们对土壤、作物的水分具有较好的调控作用，既可以单独应用，也可以与其他常规的节水技术结合应用，不仅可以抵御土壤缺水干旱的威胁，还可以促进作物自身生长发育，适应不良环境的影响，生产上，多种抗旱制剂结合应用效果会更好。常见的抗旱节水制剂有以下几种。

1. 保水剂

保水剂也称高吸水树脂，它的主要作用是当土壤水分充盈时吸收和蓄积水分、保持水分，当土壤水分缺乏时则释放水分供给作物使用。

2. 蒸腾抑制剂

这类制剂主要通过调节作物叶片气孔的开合度，从而来降低水分蒸腾达到节水的目的。

3. 节水抗旱种衣剂

节水抗旱种衣剂主要用于种子包衣处理，不同类型的种衣剂作用侧重点不同，有的包衣剂可以在种子周围富集水分，有的可以促进作物根系发育，还有的可以降低幼苗的水分蒸腾损失。

### 4. 液态膜

液态膜主要通过乳化、改性、聚合等技术形成的一种高分子材料，利用有机高分子物质在水的参与下形成一种液态成膜物质，这种物质对水分有调节控制作用，主要作用是抑制作物和土壤水分蒸发和蒸腾损失。

目前，农作物生产上应用较多的抗旱节水制剂有保水剂、蒸腾抑制剂、抗旱种衣剂，它们的应用原理是利用其本身对水分的调节控制机能，减少土壤水分蒸发，或抑制作物蒸腾，提高水分利用效率，增强作物抗旱能力，达到稳产丰产。

抗旱节水制剂适用于各类不同地区，对各种作物均有效，可根据不同气候环境、不同的生产需求，采取相应地使用方法，如拌种、浸种、包衣、灌根、喷施全株等均可，在一般情况下投入成本每亩土地在 5~10 元左右，且在大多数情况下对作物有一定的增产作用，因此，在经济效益上还是比较合算的。

由于当前的抗旱节水制剂都是环保型的，不会污染环境，不会损害人体健康，有些复合种衣制剂虽含有某些农药，但大多属于低毒产品，为无公害农药，符合国家低毒标准。

## 二、抗旱节水制剂的种类与应用

目前在农业上应用的抗旱制剂主要有以下几类：它们作用对象不同，主要作用也不尽相同，详见表 4-1。

表 4-1　抗旱节水制剂一览表

| 名称 | 作用对象 | 侧重范围 | 主要作用 | 特定名称 |
|---|---|---|---|---|
| 抗旱节水生化制剂 | 种子 | 种子 | 提高种子出苗率 | 抗旱出苗剂 |
| 保水剂 | 种子、幼苗、土壤、 | 幼苗 | 提高幼苗成活率 | 抗旱促活剂 |
| 土壤保墒剂 | 种子、幼苗、土壤、苗木 | 土壤 | 提高作物壮苗率 | 抗旱壮苗率 |
| 黄腐酸（FA）抗旱剂 | 种子、幼苗、植株、土壤 | 植株 | 提高植株抗旱能力 | 抗旱促长剂 |

以上这些制剂在应用对象、使用时期、使用方法上各有不同，各自有所侧

重，因此，在使用前需要首先明确每种制剂的特点及使用范围，然后根据自己的生产需要和目的，选择合适的抗旱制剂。如保水剂和抗旱种衣复合包衣剂主要在播种前对种子和幼苗进行拌种和蘸根处理，以保证出苗、保苗的目的；土壤保墒剂和土壤改良剂主要用于播后和移植对土壤的处理，目的是保墒和增温壮苗；黄腐酸抗旱剂和其他蒸腾抑制剂主要作用于植株叶片，已达到抑制蒸腾减少水分蒸发的目的。

# 第二节　保水剂及其应用技术

## 一、保水剂的类型

保水剂是化学节水材料的一种，它又称高吸水树脂、有机高分子化合物，它能迅速吸收比自身重数百倍甚至上千倍的去离子水、数十倍至近百倍的含盐水分，而且具有反复吸水功能，吸水后膨胀为水凝胶，可缓慢释放水分供作物吸收利用，从而增强土壤保水性，改良土壤结构，减少水的深层渗漏和抑制土壤养分流失，提高水分、养分利用效率。当土壤加入保水剂后，由于土壤吸水量大，储水量多，水土流失会大大减少，溶解的肥料元素也就很少流失，加上保水剂是高分子网状结构，具有大量亲水性基团，这些亲水性基团有吸附肥料元素中的阴离子，并可吸收肥料中的极性基团、有机物及有机高分子肥料。这些肥料元素被吸收在吸水性混合土壤中，固定不会流失，能长期保存在土壤中，并且缓慢释放，随水分被植物吸收，使肥效大大提高，所以使用保水剂是调节土壤水、热、气平衡，改善土壤结构，提高土壤肥力和保持水土的一种有效手段。

1964 年，美国首先研制出保水剂并于 20 世纪 70 年代中期将其利用于玉米、大豆种子涂层、树苗移栽等方面，1974 年保水剂在美国实现了工业化生产。但日本随后重金购买了其专利，并在此基础上迅速赶上并超过了美国。我国的保水剂开发与应用研究开始于 20 世纪 80 年代初期，但发展速度较快，目前已有 40多个单位进行研制和开发，一批新型的保水剂产品，如蓄水能力很强、含水量高达 99.5% 的透明胶状物质 "沙漠王" 固体水已开始应用。20 世纪末河北省保定市科瀚树脂公司科技人员采用生物实验技术研制成功 "科瀚 98" 系列高效抗旱保水剂，该产品吸水倍率高，有颗粒型、凝胶型两种剂型。另外，唐山博亚高效抗旱保水剂 "永泰田" 保水剂等新型保水剂产品也投入了工业化生产，陕西省杨凌惠中科技开发公司也研制出吸水率达 1 500 倍的保水剂并投入批量生产。

保水剂产品的种类繁多，从原料方面分，有淀粉系（淀粉–聚丙烯酰胺型、淀粉–聚丙烯酸型、淀粉–聚丙烯蜻接枝共聚物）、纤维素系（狡甲基纤维素型、纤维素型）、合成聚合物系（聚丙烯酸型、聚乙烯醇型、聚丙烯肺型、聚环氧乙烷系等）。目前，应用的保水剂主要是高分子类聚合物。按高分子分类，可分为天然高分子类和合成高分子类，天然高分子类主要以淀粉系列为主，即用天然高分子原料与合成单体接枝共聚；合成高分子类主要以丙烯酸类和聚乙烯醉类为主，用合成单体经交联共聚制得。

## 二、保水剂的特性与作用机理

### 1. 保水剂的吸水、保水性

保水剂的吸水是由于高分子电解质的离子排斥所引起的分子扩张和网状结构引起阻碍分子的扩张相互作用所产生的结果。这种高分子化合物的分子链无限长的连接着，分子之间呈复杂的三维网状结构，使其具有一定的交联度。在其交联的网状结构上有许多亲水性官能团，当它与水接触时，其分子表面的亲水性官能团电离并与水分子结合成氢键，通过这种方式吸持大量的水分。保水剂能吸收自身重量几十倍、几百倍甚至几千倍的去离子水，其吸水能力与其组成、结构、粒径大小、水中盐离子浓度及 pH 值有关。保水剂适宜应用的 pH 值范围一般为 5～9，pH 值过大或过小都可使其吸水能力下降。保水剂所吸收的水大部分是可被植物利用的自由水。保水剂的三维网状结构，使所吸水分被固定在网络空间内，吸水后保水剂变为水凝胶，其吸收的水分在自然条件下蒸发速度很慢，而且加压也不易离析。

保水剂同时具有线性和体型两种结构，由于链与链之间的轻度交联线性部分可自由伸缩，而体型结构却使之保持一定的强度，不能无限制地伸缩。因此，保水剂在水中只膨胀形成凝胶而不溶解，当凝胶中的水分释放完以后，只要分子链未被破坏，其吸水能力仍可恢复，再吸水时又膨胀，释水时收缩。因此，保水剂具有反复吸水功能，即吸水—释水—干燥—再吸水。据室内测定，保水剂经过多次反复吸水，一般吸水倍数下降50%~70%后而趋于稳定。保水剂的有效持续性与其本身性质、土质及用量有关。

## 2. 保水剂的保肥性

保水剂应用于土壤，不但能起到保水、保土还能起到保肥作用。研究表明，水剂表面分子有吸附、离子交换作用，保水剂对 $K^+$、$NH_4^+$ 和 $NO_3^-$ 有较强的吸附作用，从而降低了其流失量，并且在一定的范围内随着保水剂用量的增加，养分流失量减少。一方面，在土壤中的养分较充分时，它吸附养分，起保蓄作用；另一方面，当植物生长需要土壤供给养分时，保水剂将其吸附的养分通过交换作用供给植物。由此可以看出，通过施用土壤保水剂，使土壤中养分的供给与植物对养分的需求更加同步。保水剂能大幅度提高土壤持水量，同时，对提高肥料利用率有一定的作用。国内外学者对保水剂的保肥作用进行了大量的研究。结果表明在不同土壤中加入保水剂可增加对肥料的吸附作用，减少肥料的淋失。保水剂对氨态氮有明显的吸附作用。田间试验证明，保水剂与氮肥或氮磷肥配合使用，吸氮量和氮肥利用率分别提高18.27%和27.06%。保水剂与氮磷肥混施时，磷肥利用率从16.49%提高到20.91%。保水剂还可抑制土壤容易的盐分累积。

但需注意的是，盐分、电解质肥料能剧烈降低保水剂的吸水性，有些肥料元素会使保水剂失去亲水性，降低保水能力，研究表明，电解质肥料如硝酸铵等一些速效肥料可以降低保水剂的效果，最好施用缓释肥，而尿素属于非电解质肥料，使用尿素时保水剂的保水保肥作用都能得到充分发挥，是水肥耦合的最佳选择。保水剂不能与锌、锰、镁等二价金属元素的肥料混用，可与硼、钼、钾、氮肥混用。保水剂的保水效果还与土壤质地有关，特别对粗质地的土壤保水效果最好。

### 3. 保水剂可以改善土壤结构，提高土壤吸水、保水能力

保水剂施入土壤中，随着它吸水膨胀和失水收缩的规律性变化，可使周围土壤由紧实变为疏松，孔隙增大，从而在一定程度上使土壤的通透状况得到改善。试验表明，保水剂对土壤团粒结构的形成有促进作用，特别是可使土壤中 0.5~5mm 粒径的团粒结构增加显著。同时，随着土壤保水剂含量的增加，土壤中大于 1mm 的大团聚体胶结状态较多，这对稳定土壤结构，改善通透性，防止表土结皮，减少土面蒸发有重要作用。因此，保水剂不但是一种吸水剂，它也是一种新型的土壤改良剂。保水剂在土壤中吸水膨胀，把分散的土壤颗粒勃结成团块状（图 4-1、图 4-2），对调节土壤固、液、气三相平衡，提高土壤总孔隙度，改善其通透性，调节土壤中的水、气、热状况，给作物生长创造一个良好的环境有重要作用。

土壤的水分蒸发是农田土壤水分损失的主要原因，研究表明保水剂加入土壤中可以减少水分的无效蒸发。

50μm

**图 4-1　未加保水剂的土壤结构**

### 4. 保水剂的安全性

保水剂的水溶液呈弱酸性或弱碱性，无刺激性。经大量动物试验和农业试验

**图 4-2 加保水剂的土壤结构**

证明：用于食品、医药卫生等方面的保水剂安全无毒；用于农林业方面的保水剂不会改变土壤的酸碱度。

5. 保水剂对土壤有一定的保温性

所吸水分分散在保水剂内部，该部分水分可保持部分白天光照产生的热能，从而调节夜间温度，使土壤的昼夜温差减小，有利于植物生长。

## 三、保水剂的使用方法

### 1. 种子包衣

用保水剂水凝胶进行拌种，在种子表面形成一层保水剂水凝胶的保护膜，或将保水剂与微量元素、化肥、农药等混合制成种子包衣的方法可大大减少保水剂的施用量，提高出苗率，并可获得显著的增产效果。实践证明这是一种非常行之有效的方法。具体制作方法有以下 2 种。

（1）按保水剂重量百分比浓度配制

例如，保水剂与水的重量之比为 1∶99，也就是 1 千克保水剂加水 99 千克，这样配制的浓度就是 1%，通常作物种子的保水剂拌种浓度为 0.5%~2%。

（2）按种子重量配制

针对不同的作物，不同的种子重量，使用一定重量的保水剂。通常按种子：保水剂：水＝100：1：（50～200）配比，也就是在25～100千克水中加入0.5千克保水剂，用于50千克种子拌种。具体配制方法为：先称好一定重量的保水剂，然后放入事先称好的一定量的水中，均匀搅拌使之全部溶于水形成凝胶状，再将一定会比例的种子全部浸入，充分混合并放一段时间，然后捞出放在地上进行摊晾，等种子表面形成一层薄膜包衣后即可。对于一些籽粒较小的种子有时会形成团块，要用手搓开，以利播种。

**2. 施入土壤**

（1）地表撒施

每亩用保水剂7～10千克直接撒于地表，这样就在地表面形成一层保水膜，从而抑制土壤水分蒸发。由于保水剂价格较高，这种方法不适于大田应用，而主要用于盆栽试验及小区试验，也可用于经济效益较高的珍贵植物。

（2）穴施和沟施

随开沟或挖穴施入，主要用于移栽，也可以在播种时随种子一起施入土壤。

**3. 施入育苗基质**

在进行一些作物幼苗培育时，可以在基质中加入保水剂，保水效果明显。

## 四、保水剂在不同作物上的应用效果

**1. 小麦**

保水剂试验用量范围内能使冬小麦提前出苗1～4天，出苗率提高10%～30%，延迟作物凋萎3天和延长作物枯萎出现的时间1～5天，小麦增产18.8%。

**2. 棉花**

用保水剂预处理棉种，不管在任何质地的土壤中，土壤含水率只要在棉种萌发最低含水率之间（7.44%～13.5%）都促进棉种萌发，处理比对照早出苗2～3天。棉花产量比对照平均高11%～21%。试验证明，采用江西九江旱克星土壤保水剂掺细土（1∶30）根部 5 厘米穴施，随后点播棉花种子，每穴 3~5 粒。得出施用保水剂后的棉花产量有大幅度的提高，其中，2 千克/亩可提高产量48.10%，与其他保水剂处理比较，达到显著水平（$P<0.05$）。随着保水剂施用量的增加，棉花产量有所提高，但在施用量超过 2 千克/亩时，产量呈下降趋势，因此，施用时需注意施用量。

### 3. 果树

土壤保水剂改善了旱地果园土壤水分的条件，不同程度地提高了土壤中肥料，特别是微量元素肥料在土壤中的溶解和果树根系的吸收，从而促进了树体的生殖生长和营养生长，保水剂处理的果实体积明显高于对照，果实体积增长幅度平 5.6%；保水剂处理的果实生长速率也高于对照，提高幅度为 1.7%~29.6%；保水剂处理的相对于对照产量提高 8.0%。

### 4. 玉米

保水剂对玉米的生长有明显的促进作用，主要表现如下。

①玉米苗期施用保水剂，可以促进玉米苗期的生长发育。

②施用保水剂的各处理出现萎蔫的时间均比对照延迟。

③施用保水剂的各处理，玉米根系的生长显著提高。

④施用保水剂可以促进植株地上部的生长，生物量均较对照有明显增加，株高各处理平均比对照高 13 厘米，茎粗增加了 22%，光合作用叶面积是对照的1.79 倍，使玉米光合能力得到了加强。

### 5. 马铃薯

施用保水剂能提高马铃薯的产量和商品薯率，其中，对商品薯率的效果显著。施用的时间和方式以苗期穴施为宜，施用量以亩用量 2 千克最佳，其产量和商品薯率分别比对照高出 5.26%~27.30%，204.46%~237.50%。保水剂可增加土壤团聚体结构，利于地下匐茎的生长发育，同时，保水剂具有快速吸水、保水、缓慢释水的特性，把苗期土壤中多余的水分吸收并保持起来，既为苗期的生长提供适宜的土壤水环境，又为后期的需水关键期储存了必要的水分。

## 五、适用条件

### 1. 降水时期和降水量

施用保水剂，必须考虑当地的降水时期和降水量。保水剂主要适用于年降水量在 450~500 毫米且季节性干旱明显的地区，对于年降水量低于 300 毫米的地区不能完全发挥作用。降水量大或正值降水时期可适量少施或不施保水剂。我国北方大多春旱秋雨，保水剂最好在雨季快结束时施用，吸收保存的土壤水分可供春季根系吸收使用。春季施用应选用使用寿命较短的保水剂，以防雨季吸水过量，造成土壤蓄水过多，影响土壤通气性和果树生长。施用保水剂后遇到雨季或连阴雨天，易造成涝灾。

### 2. 土壤类型与土壤湿度

对土层深厚、保水保肥能力强的壤土或黏土地应适量少施；对土层浅、保水保肥能力弱的沙土地、瘠薄地应适量多施。当土壤含水量较低时，应先吸水后施入。另外，在含盐地区使用效果和使用寿命会有所下降。开发保水剂的主要目的是抗旱节水，但保水剂并非造水剂，它不是灵丹妙药。因此，只有根据各地的气候、土壤和植物条件科学使用，保水剂才能真正发挥作用。

### 3. 与其他节水措施的关联性

保水剂通过水利部门开发和应用，不仅能跟降水相结合，而且可以跟各类水源工程（降水集流工程、小微型蓄、引提、灌工程等）、灌溉工程（喷、微灌、沟渠灌等）以及其他节水措施结合起来集成运用，使保水剂的抗旱、节水、增产功效充分发挥出来。

### 4. 使用寿命

保水剂的使用寿命在 2 年左右，保水剂保管中要注意防潮、防晒。保水剂的吸水倍率通常在 300 以上，它能吸收空气中的水分，随着放置时间的增加，在包装物内结块，给使用造成不便，但保水剂吸潮不影响其品质。保水剂遇强紫外线照射会很快降解，严重影响其寿命、效果。因此，运输、储藏过程中应尽量避免长时间日光照射。

5. 原料和合成方法不同，性能各有差别。

各种保水剂虽具一定的广谱性，但并不能任意使用。选择保水剂，首先要保证其安全性，不能对植物及土壤造成危害。农业、林业一般宜选用钾盐和胺盐类的保水剂，例如，选用聚丙烯酸盐，特别是聚丙烯酸钠类的保水剂会造成土壤板结、盐渍化。再如，对施用于土壤和用于蓄纳雨水的目的，可选用颗粒状、凝胶强度高的保水剂；对用于苗木蘸根、移栽、拌种等以提高树木成活率为目的的，就可选用粉状、凝胶强度不一定很高的保水剂，以降低成本。

## 六、存在问题

目前，在保水剂技术推广体制和机制方面还存在一些难以解决的问题，主要包括以下几方面。

①研究和生产、应用脱节，农林业新技术推广体制与实际不适应。

②工艺设备落后，功能单一、针对性不强、质量不稳定，没有形成规模化生产，成本偏高。

③农业产出率低，林业投入不足，缺乏技术指导，应用效果不明显。

# 第三节 抗蒸腾剂及应用

## 一、蒸腾抑制剂类型与原理

作物从土壤中吸收的水分有 90% 是由植株叶片或枝条的蒸腾作用而消耗掉，因此，对植株蒸腾作用的抑制可以减少作物体内水分流失。抑制蒸腾剂主要有3 类。

第一类，代谢型抗蒸腾剂，也称气孔关闭剂，这类制剂能使作物的气孔关闭或减少张开，这样就可以抑制蒸腾并参与作物代谢。

第二类，薄膜型抗蒸腾剂，这类制剂能在叶片上形成一层膜，封闭气孔，从而阻止水分从叶片上蒸腾出去。

第三类，反射性抗蒸腾剂，这类化合物对 0.4~0.7 微米的辐射有一定的选择反射能力，降低叶片温度，从而减少蒸腾作用。

蒸腾抑制剂的化学成分主要是黄腐酸（简称 FA），它是利用我国丰富的风化煤资源，专门针对干旱和干热风而研制成功的一种新型抗旱剂，为我国首创。其分子量低，功能团更密集，有较强的生理活性，易溶于水，易被植物吸收利用，对植物起着以调控水分为中心的多种生理功能，是一种调节植物生长型的抗蒸腾剂。

河南省科学院化学所、生物所与全国十多个单位协作首先研制成功了"抗旱剂一号"（FA），1982 年通过鉴定。通过大量研究，证明其可以"有旱抗旱，无旱增产"。90 年代继"抗旱剂一号"后，我国又研制了第二代黄腐酸抗旱剂—FA 旱地龙。由中国农科院农业气象研究所负责指导全国的推广工作。截至目前，已证实黄腐酸类抗旱剂在农业上具有改良土壤理化性状，提高农药、化肥效力，刺激作物生长发育，增强作物抗逆性等效果。

黄腐酸为棕黑色粉或片状，无特殊气味，溶于水，呈微酸性，不腐蚀皮肤和容器，不污染环境，运输安全。其主要作用机理如下。

## 1. 控制气孔开合度，降低蒸腾强度

在作物遭遇干旱，处于需水临界期时，叶片喷施黄腐酸能明显引起气孔开度减小，降低蒸腾。有研究表明，在小麦上喷施黄腐酸 2 天后，小麦蒸腾强度在 7 天内低于未喷施的，9 天内的总耗水率减少 6.3%~13.7%，这说明叶片喷施黄腐酸对气孔开度和蒸腾的抑制作用非常明显。在玉米大喇叭口期喷施 0.1% 的黄腐酸后，植株叶片气孔开合度平均为 1.8 微米，而未喷施的为 2.4 微米，而且在喷药 20 天内都有效。由于降低了叶片的蒸腾作用，所以减少了地下土壤水分的消耗，有资料显示，在玉米大喇叭口期喷施黄腐酸后，土壤 30 厘米耕层的含水量均高于对照。

## 2. 促进根系生长，提高根系活力

由于黄腐酸中活性基因的含量较高，对植物有较强的刺激作用，因此，用黄腐酸拌种对作物根系有明显的促进作用，增强了从土壤深层对矿物质和水分的吸收能力，主要表现为根系发达、根密度大、总根重增加。表4-2为黄腐酸在小麦上的应用情况。

表4-2　黄腐酸拌种对小麦根系生长的影响

| 处理 | 出苗<br>（%） | 基本苗<br>（万株/亩） | 越冬单株次生根<br>（条） | 总根重<br>（克） |
| --- | --- | --- | --- | --- |
| 黄腐酸处理 | 85 | 19.8 | 9.4 | 10.9 |
| 未处理 | 75 | 17.5 | 6.1 | 8.8 |
| 增加 | 13.3 | 13.1 | 54.1 | 23.9 |

由表4-2可以看出，用黄腐酸处理后作物根系数量、总重都明显比未处理的有所提高。

## 3. 改善水分状况，提高抗旱能力

由于黄腐酸拌种对作物根系有明显的刺激作用，因此，在干旱情况下，作物可以通过发达的根系吸收和利用土壤深层水分，作物体内的含水量高于未处理的，这样就增强了植株对干旱的抗逆能力。

## 4. 增加叶绿素含量，增强光合作用

小麦在孕穗期遭受干旱后植株发黄，叶绿素含量下降，而喷施 FA 后叶色浓绿，小麦旗叶叶绿素含量较对照增加 0.35 毫克/克干叶，倒二叶增加 0.5 毫克/克干叶，由此可见，叶片喷施黄腐酸后，叶绿素含量明显提高，这一现象一直可以维持到生长中后期，这对提高小麦光合能力，积累干物质是非常有利的。

## 5. 促进物质转化，减轻后期灾害

以小麦为例，在成熟期小麦容易受到干热风的危害，喷施抗旱剂一号后可以大大促进干物质向穗部运转，从而减轻干热风的危害。有研究表明玉米喷施黄腐酸后，籽粒灌浆速度明显加快。

## 二、作物抗蒸腾剂的使用方法

以生产上应用较多的抗旱剂一号为例，其（即黄腐酸）外观棕黑色，无特殊气味，易溶于水，易被作物吸收。它含有羟基、酚羟基、醌基等多种活性基团，因此，有很高的生理活性，对植株有较强的刺激作用，是一种新型的植株生理调节剂。它喷洒于植株叶片后可以在一定程度上缩小气孔还开张度，从而减少蒸腾。

抗旱剂一号的使用最常见的有拌种和喷施，也可用于浸种和蘸根。

1. 拌种

（1）用量

密植作物配比用量为：种子：FA：水 = 50 千克：200 克：5 千克，稀植作物配比用量为：种子：FA：水 = 50 千克：100 克：5 千克。方法是将 200 克 FA 溶解在 5 千克水中，然后将药液洒在种子上掺拌均匀，堆闷 2~4 小时后即可拌种。

（2）操作方法

先将抗旱剂一号溶解在适量的清水中，再将药液均匀喷散在种子上，搅拌均匀，使种子都被药液染黑，然后闷种 2~4 小时后再播种。如果来不及播种，应及时将种子摊开，不要暴晒。在应用中要注意掌握药剂的浓度，浓度太低效果不好，浓度太高，会抑制出苗。若要与浓配和拌种，要先拌农药后再拌抗旱剂一号，但不要与碱性农药混用。

2. 叶面喷施

（1）用量及稀释方法

小麦及谷子等小粒作物，每亩用量 40~50 克，对于玉米和甘薯则每亩用量 75~80 克。对于果树最好稀释 400 倍喷施。

（2）喷施时期

一般原则是在作物生长期中遇到干旱时都可喷施，但在作物的"水分临界期"即作物对干旱、干热风特别敏感的时期喷施效果最好。小麦、谷子在孕穗期喷施是最佳期。因为，孕穗期水分不足对产量影响最大，玉米在大喇叭口时期，甘薯在薯块开始膨大期，瓜类则在果实膨大期，苹果则最好分别在花期、新梢旺长期、果实迅速膨大期和果实成熟期各喷施 1 次，共 4 次，极端干旱年份，分别在花期、新梢旺长期、新梢停长期、果实迅速膨大期和果实成熟期各喷施 1 次，共 5 次。

（3）注意事项

喷施技术直接影响 FA 效果的发挥，故应严格遵守各项要求。

稀释方法。合格产品极易被水稀释而不留沉淀。某些产品黏性增加，抗硬水能力差，则采用 50℃热水搅拌至胶状液后，再加水稀释至所需浓度。

喷雾机具。一般用背负式喷雾器，要求机具压力大、雾墙细、雾化好。面积较大的喷施最好选用机动喷雾器，使用弥雾机效果最好。

喷施时间。晴天 10：00 前或 16：00 后为最佳喷施时间。中午炎热、刮风时节或下雨前后喷施效果最差，甚至无效。

混配须知。可与酸性农药复配混用，以增效缓释。

喷施要领。基本要求是要保证农作物功能叶片均匀受药。如冬小麦以旗叶和倒二叶为中心的上部叶片必须受药，喷量以刚从叶片上滴落雾滴为度，并检查叶片上是否均匀分布褐色雾滴作为喷雾的质量标准。

适用条件。黄腐酸抗旱剂在我国南北各地均适用，各地在使用时应视植株大小、当地水质状况、土壤状况选择适宜用量。如植株大、水的硬度高、土壤呈碱性时用量可稍加大，反之宜降低用量。

3. 与其他节水措施的关联性

FA 旱地龙的使用作为一种非工程性抗旱节水措施，可以与已有的工程性节水措施、其他非工程抗旱节水措施结合起来集成运用，以充分发挥 FA 旱地龙的抗旱、节水、增产功效。

## 三、抗蒸腾剂的对旱地作物的应用技术与效果

### 1. 在冬小麦上的应用

黄腐酸不仅有抗蒸腾作用，还能促进根系发育、提高叶绿素含量和某些重要

酶的活性以及对农药的协同作用。具体应用技术如下。

播种前用黄腐酸抗旱剂拌种。这样对冬小麦出苗、越冬及早春返青生长、增加产量都有较好的作用。研究表明，用 FA 溶液对小麦种子拌种最优时间为 30 分钟，能够提高小麦的发芽率和促进小麦苗期生长。分析原因为黄腐酸能有效地促进种子内酶的活性，加速发芽过程中的生化反应，从而加快了幼苗的生长速度。

生长期用黄腐酸抗旱剂喷施。喷洒时期一般选在小麦孕穗期为好，其次在灌浆期，喷施黄腐酸抗旱剂能有效增加结实小穗，增加千粒重，增加产量。

### 2. 在夏玉米上的应用

研究表明在玉米拔节期（5~7 片叶）叶面喷施黄腐酸，浓度不同，对夏玉米生长和产量的影响也不一样。具体表现如下：施用浓度为 200 毫克/升时能够明显促进植株生长，但浓度≥500 毫克/升时会抑制植株生长；施用浓度 200~1 000毫克/升时能够促进夏玉米穗粒数增多，其中，浓度 200 毫克/升时促进作用明显，浓度≥500 毫克/升时促进作用有所降低；施用浓度为 200~1 000毫克/升时均能够提高夏玉米的千粒重，但各浓度处理之间千粒重的差异不显著；施用浓度为 200~1 000毫克/升时能够明显提高夏玉米产量，但该施用浓度范围内产量差异不显著，其中，浓度为 200 毫克/升时增产效果最好，由以上试验结果可以看出，从玉米植株生长、产量性状、籽粒产量和经济效益角度多方面考虑，一般黄腐酸的适宜喷施浓度 200 毫克/升，该浓度处理下能够明显促进夏玉米植株生长，穗粒数和籽粒产量均达到最大，千粒重明显提高，最终增产率达到最高。

### 3. 在葡萄上的应用

黄腐酸叶面喷施处理，在坐果期、幼果期各喷施黄腐酸抗旱龙 1 次，在果实膨大期喷 2 次，稀释 750 倍液，均匀喷施葡萄叶面和叶背，共喷施 4 次，黄腐酸用量 160 克/亩，结果表明与对照组相比，每亩产量比对照组高 197.9 千克，增产幅度达 13.92%，糖度比对照组高 1.04°，光泽度和品质好。

### 4. 在苹果树上的应用

中国农业大学在北京市密云对苹果树的试验表明，在有限灌水条件下黄腐酸类抗旱剂 FA 旱地龙对果树的生长发育、保墒能力、果实品质及产量的影响。果树施用 FA 旱地龙后有抗旱增产效果，增产幅度可达 4.88%~7.32%，平均单果质量增加 4.2%~8.4%，并且使果实品质得到改善，与充分灌溉条件相比，水分利用效率也有所提高，每公顷节约灌溉水量 487.5 立方米。

### 5. 在马铃薯上的应用

宁夏回族自治区固原地区农科所对马铃薯喷施黄腐酸的试验结果，喷施不同量的黄腐酸后，马铃薯产量比对照提高 9.17%~52.96%。以喷施黄腐酸 3750 米/公顷增产效果最明显，比对照增产 283.3 千克/公顷，增产率为 52.96%。

### 6. 在棉花上的应用

新疆维吾尔自治区巴楚县农技推广中心的试验表明，棉花生产使用旱地龙，单产可增 7.4~24.8 千克/亩，增产率达到 7.38%~24.1%。而且可以改善棉花品质，如纤维长度、衣分都有提高。不同施用时期与施用量的亩均增收在 169~280 元。

## 四、存在问题

①宣传力度不够，影响推广效果，缺乏广告宣传和各种媒体宣传力度，人们对"旱地龙"的使用效果和科技含量缺乏认识。

②推广营销渠道单一，单靠水利系统推广和营销缺乏农牧、烟草、农资等部门的推广和营销，难以形成合力，难以做到宣传到位，推广到位，销售到位。

③农民科技意识不强，多数农民难以相信"旱地龙"的使用效果，认为自然灾害是不可抗逆的，难以形成主动购买、自愿使用的售销环节。

# 第四节　抗旱节水种衣剂

## 一、抗旱种衣剂的类型与作用机理

抗旱种衣剂是以突出抗旱节水为主要目的的一项多功能的抗旱保苗复合制

剂,是目前处理种子的一项最重要的技术,它汇集了防旱抗旱技术、农药杀虫剂、杀菌剂技术、微肥技术以及植物生长调节剂技术,从而具有了多功能,如抗旱节水、种子杀菌消毒、防病防虫、壮苗早发、增效缓释及促进生长发育和增加产量等,特具有用量低、效果好的特点。

目前的抗旱种衣剂主要有2种类型,一种是具有物理保水性能的抗旱种衣剂,它采用高吸水树脂为原料,这种原料吸入水分后,就会变成一种凝胶状物质,这种物质包在种子表层,起到保水抗旱的目的,如以保水剂为主要成分制成的种衣剂,其作用原理主要利用了保水剂的吸水保水原理,这在上一节中已有介绍,在此不再详述。另一种是具有生理抗旱性能的抗旱种衣剂,生理型抗旱种衣剂的主要成分有植物生长调节剂、杀菌剂、杀虫剂等,它的作用原理首先是通过利用种衣剂中所含有杀菌剂、杀虫剂,使真菌、地下害虫不侵害种子,在短时间干旱的情况下,延长了种子在土壤中的存活时间,当水分充足时,种子仍会正常出芽。其次,是在种子出芽后。种衣剂中的植物生长调节剂可以帮助作物抗旱。使用了种衣剂的种子,在生长调节剂的作用下,加快了根部细胞分裂、延长,使作物及早生根,发达的根系可以使作物即使在干旱的情况下,也能从更深土层中吸收更多的水分,利于自身生长发育。在作物生长中期,种衣剂不仅仅刺激根系发育,作物出芽后,它还可以帮助抵御干旱。同样是因为生长调节剂的作用,它可以刺激作物脱落酸的产生,脱落酸是一种植物激素,在干旱情况发生时,脱落酸最先感应到,它就像一个信使那样,立刻携带着这种干旱信息从根部传递到地上部,叶片得到干旱信息后,气孔缩小,从而减少了作物蒸腾损失,有效抵御干旱。

抗旱种衣剂主要作用机理有以下几点。

### 1. 富集水分

抗旱节水种衣剂主要物质为保水剂,因此,具有较强的吸水能力,高度的保水力,成膜包衣种子播于地下后,能吸收周围土壤水分,以供种子发芽出苗所用,作物水分利用率提高7%~30%,作物提前2~3天出苗,出苗率提高15%,这对旱地播种具有重要意义。

## 2. 刺激种子萌发，促进根系发育，促进作物生长

抗旱节水种衣剂中含有植物生长调节物质，可以促进种子萌发，促进根系发育，幼苗根系长度，一般较未施的长 10% 以上。而且由于种衣剂中还有一些微量元素，植株生长会更加茁长。

## 3. 缓释增效

种衣剂中有少量杀虫剂和杀菌剂，在土壤中可以防止种子发病，保证出苗，即使出苗后仍可以发挥保护作物的作用，从而使有效期长达 40~60 天。

## 二、节水抗旱种衣剂的使用方法与效果

### 1. 节水抗旱种衣剂的使用方法

（1）人工包衣法

当种子数量不是太多时，可采用人工方法进行包衣。

用抗旱种衣剂拌种时，一般按种衣剂与种子 1∶50 的比例使用，即 1 千克种衣剂，50 千克种子。使用前要注意在通风良好的室内或户外进行操作，要注意穿好防护衣物，带帽子、口罩、手套，防止药剂接触到皮肤、眼睛，并且禁止吸烟、吃东西。下面就以玉米种子为例，介绍两种人工包衣方法。

①铁锅或大盆包衣法。首先把铁锅或大盆，清洗干净，然后晾干或者擦干，使其保持清洁干燥。将大盆放好，称量出 5 千克玉米种子，把称量好的种子倒入盆内，然后打开抗旱种衣剂的瓶盖，将一瓶 100 克的抗旱种衣剂迅速倒入盛放种子的大盆中，倒完之后，用铁锹不断地快速翻动、搅拌，直到看到所有的种子周围都包有绿色的种衣剂，就表明已经包衣均匀了。拌匀后的种子不需要晾晒，取出直接装袋阴干备用。如果要过一段时间使用，则要把种子放在阴凉通风处，防止受潮。

②塑料袋包衣法。在种子量较少时，使用塑料袋包衣即可，种衣剂和种子仍然按照 1∶50 的比例混合使用。首先把适量的种子倒入塑料袋内，再迅速倒入种衣剂，然后扎上袋口，用双手快速晃动袋子，使种子和种衣剂充分混合，大约 1

分钟后，可以看到所有的种子都变成了绿色，说明包衣均匀，拌匀后将种子倒出留作种用。

（2）机械包衣

用简单的小型包衣机进行包衣。首先，把种子倒入包衣机内，然后启动电源，在包衣机旋转的时候，倒入种衣剂，还是按照药与种子 1：50 的比例，这次要缓缓、均匀地倒入，让种衣剂与种子随着包衣机的转动，充分混合。大约 2 分钟后，所有种子都变成绿色，说明包衣均匀。把包好衣的种子倒入袋中，放置在阴凉通风处，留作种用。

（3）储存方法

抗旱种衣剂要包装储存于干燥、阴凉、通风处，处理后的种子禁止人畜使用，也不要与未处理的种子混合或一起存放，远离食物与饲料，避免儿童、家畜等接触。所有接触过的器具使用后均应仔细清洗，如果不慎溅入眼中，请立即用大量清水冲洗。如因不小心或使用不当引起中毒，请立即携带抗旱种衣剂的标签就医，医生会对症处理。

2. 节水抗旱种衣剂的使用效果

抗旱种衣剂适用范围广，可用于谷类作物如玉米、小麦、高粱、水稻、大麦、燕麦等；牧草如苜蓿、羊草等所有牧草；经济作物如棉花、花生等；蔬菜如瓜类蔬菜、茄科类蔬菜、甘蓝类蔬菜、豆类蔬菜等。抗旱种衣剂适用的地区很广，即便在非干旱的地区也可以使用，可以提高养分的利用效率，防治农作物病虫害。

（1）对种子萌发的影响

利用以保水剂为节水抗旱主要成分的抗旱种衣剂拌种后，在种子表面形成一层比较牢固的薄膜，播于土壤中后，种衣剂会在种子周围富集水分。山西省寿阳试验地的结果表明，种衣剂处理的种子，即便由于干旱不能发芽，种子也不腐烂，当土壤湿度适宜发芽时，种子依旧能萌发。而且使用过种衣剂的玉米根系发达，吸收养分充足。在干旱情况下，出苗率仍然达到 85%。没使用种衣剂的出苗率仅为 42%。通过试验田与普通玉米对照试验，它对作物的病害如黑粉病、丝黑穗病等，防治效果达到 95% 以上。研究表明，玉米使用抗旱种衣剂进行包衣后播种，在土壤水分仅为 12% 的条件下，出苗时间会提前 2~3 天，出苗率提高 13%~20%，大量数据证明，节水抗旱种衣剂在保持种子活力，在对抗逆境等方面具有很好的效果。

（2）对作物根系发育的影响

通过对不同玉米品种的种子用腐殖酸型抗旱种衣剂和普通种衣剂及不包衣进行处理，观察它们苗期根系发育时主根、侧根的数量以及株高时发现，采用抗旱种衣剂包衣的种子的主根长、次生根数量和长度及鲜重，均多于用普通种衣剂处理和未处理的种子。

（3）对作物产量的影响

全国多地不同作物应用抗旱种衣剂试验结果表明，用抗旱种衣剂处理的作物出苗快、作物根系发达，提高了作物水分养分利用效率，刺激了作物生长，增强了抗旱能力。节水抗旱种衣剂的增产效果，见表 4-3。

表 4-3　节水抗旱种衣剂增产效果

| 作物 | 对照（千克/亩） | 种衣剂处理（千克/亩） | 产量提高幅度（%） |
|---|---|---|---|
| 冬小麦 | 449.0 | 508.7 | 13.3 |
| 玉米 | 481.0 | 525.3 | 9.2 |
| 谷子 | 273.0 | 447.7 | 64.0 |

从表 4-3 中种衣处理的作物均有不同程度的增产，其中，谷子增产最为显著，幅度也最大；其次，为小麦和玉米。

在农业种植中要达到抗旱高产，高效增收，就必须依靠综合的科学技术，根据不同的地理气候环境确定较为先进的栽培、耕作、排灌、施肥、施药技术。抗旱制剂的应用能根据作物的生理需要在水肥使用上精打细算，将保水剂、抗蒸腾剂、抗旱种子包衣剂、有机肥、化肥、农药、微量元素、降雨、灌溉等有机结合起来，根据植物不同生育时期的需要进行科学合理的混施，实践证明，会起到很好的增产效果。

# 第五节　水面蒸发抑制剂和土壤保墒剂的应用

## 一、水面蒸发抑制剂

### 1. 作用机理

能够在水面形成单分子膜并能抑制水面蒸发的制剂称之为水面蒸发抑制剂，在化学上属于表面活性剂的范畴。这类物质为直链的高级脂肪族化合物，碳原子数目在 11 个以上，具有抑制水分蒸发的能力。其分子具有不对称结构，一端含有极性的亲水基团，另一端具有非极性疏水基团，将这种乳液喷于水面后，分子中的疏水基团由于与水排斥而转向空间，亲水基团转向水中，与水分子发生缔合。这样水与单分子膜物质间牢牢吸引，在水面就会形成肉眼看不见的单分子膜层，膜层厚度为 0.002 5 微米，对水面产生较高的表面压力，阻挡水分子向大气中扩散。同时，单分膜层分子间的空隙可让氧气和二氧化碳透过，而水分子却通不过，因而能有效抑制水分蒸发。当然，由于抑制了水分蒸发，使蒸发潜热积累于水中，从而可提高水温。

### 2. 主要作用

（1）抑蒸性

这是水面蒸发抑制剂的主要功能。在水面形成单分子膜层，阻挡水分子向外逸出，其抑制蒸发率室内为 70%～90%，野外为 22%～45%。

（2）增温性

由于抑制蒸发在水中累积蒸发耗热，从而提高水温，一般增温幅度为 4.0～8.2℃。

（3）扩散性

这类制剂喷施水面后能迅速形成连续均匀的单分子膜层。由于膜内加有扩散剂，当膜层破裂后能自动扩散恢复合拢。扩散性与温度有关，温度高扩散快，温度低则扩散慢。

（4）抗风性

单分子膜层对风敏感，当风速为0.8米/秒时，膜层就会随风移动，风速为3米/秒时有助于膜层的扩散和提高抑制蒸发率，当风速超过3米/秒时单分子膜被风吹成褶皱破裂而失效。

（5）有效性

喷施1次有效性可维持3~7天，由于氧气和二氧化碳均能透过，对植物和鱼类无害。

### 3. 使用方法

（1）喷施

将水面抑制蒸发剂加水稀释10~30倍成为水乳液，然后用喷雾器喷洒水面，即自动扩散成膜。

（2）挂施

将水面抑制蒸发剂的水乳液用纱布包好，挂在水稻田水流入水口处，经流水缓慢冲击，乳液从纱布团中不断浸出，随漂浮水面扩散成膜，经流水带动扩散使整块稻田水面全部成膜。

## 二、土壤保墒剂

### 1. 技术原理

裸露土壤中的水分主要是通过蒸发散失。散失途径有2条：一是毛管水通过毛细管上升作用不断输送到地表损失；二是以气态水的方式扩散到空气中损失。将成膜制剂喷于土表，干燥后即可形成多分子层的化学保护膜固结表土，阻隔土壤水分以气态水方式进入大气。同样以土壤结构改良剂混合土壤，可显著增加土壤水稳性团粒结构，从而阻断土壤毛管水的连续性，降低毛管水上升高度，达到抑制水分蒸发的目的。

### 2. 主要作用

（1）抑制土壤水分蒸发

土面增温剂的抑制蒸发率为80%~90%，保墒增温剂的抑制蒸发率为75%~

95%，土壤结构改良剂的抑制蒸发率一般在 30%~50%。

（2）提高土壤温度

在 20℃的室温下，每蒸发 1 克水约需消耗 584.9 卡热量，抑制了土壤蒸发，就意味着减少了蒸发耗热而用以提高土温。在我国北方春季晴朗的天气条件下，充分湿润的土面蒸发量可达 7~8 毫米/天，即在 1 平方厘米的土面上就要蒸发掉水分 0.7~0.8 克/天，并消耗 420~480 卡热量，减少蒸发就保存了部分汽化热而使土壤温度得以提高。由于这类制剂的颜色多为深褐色和黑色，故能增加太阳辐射的吸收率而进一步增温，使土壤增温效果十分显著。

（3）改善土壤结构

将土壤结构改良剂与土壤混施后，由于氢键和静电作用，对电解质离子、有机分子、络合物等发生吸附而促使土壤形成团粒结构。粒级为 1~2 毫米、0.5~1 毫米、0.25~0.5 毫米土粒的百分含量，处理比对照分别增加 33.3%、29.5% 和 59.6%。

（4）减轻水土流失

增温保墒剂喷施土表后与土粒黏结形成多分子膜层而固化表土，土壤改良剂与土壤混施后能形成稳定的团粒结构，有利于增加土壤的稳定性，起到防风固土、减轻冲刷和保持水土的作用，效果十分明显。

3. 技术要点

（1）喷土覆盖

增温保墒剂需在用水稀释后喷洒土表用来封闭土壤，所以，用量较大。每公顷全覆盖用量为原液 1 200~1 500 千克加 5~7 倍水稀释。先少量多次加水，不断搅拌均匀后再大量加水至所需浓度，经纱布过滤后倒入喷雾器即可喷施。若预先用水对土表喷施湿润后，则更有利于制剂成膜并节省用量。对于冬小麦这类条播作物，喷剂时只需喷施播种行，不必对土壤进行全覆盖，也同样能取得好的效果。

（2）混施改土

将土壤结构改良剂与土壤混合，用量一般为干土重的 0.05%~0.3%，

2 800~3 000千克/公顷，混施可促进土壤团粒结构形成，尤其对各种土壤水稳性团粒结构形成作用明显，有利于保持水土。

（3）渠系防渗

用沥青制剂喷于渠床封闭土壤，可大大减少水分渗漏损失。在渠系表面或15厘米层处喷施沥青制剂，用量80~110克/平方米。

（4）灌根蘸根

对于一些育苗移栽作物除了喷土覆盖外，也可采用土壤保湿剂乳液直接灌根，浓度配比为1∶10。也可用此浓度乳液蘸根包裹后长途运输再作移栽，用以减少蒸腾，保持成活。

（5）刷干保护

对移栽的果树类作物和林木树干，可用制剂乳液喷涂刷干，通过膜层保护减少蒸发，防寒防冻，保护苗木安全越冬、病虫害防治和早春抽条。

目前，土壤保墒剂主要应用于渠道防渗，改良盐渍，防止水土流失，旱地增温保墒，沙漠的绿化和改良。作为一种非工程性抗旱节水措施，可以与已有的工程性节水措施、其他非工程抗旱节水措施结合起来集成运用，使土壤保墒剂的抗旱、节水、增产功效，充分发挥出来。

# 第五章  节水灌溉技术

世界淡水资源日益紧缺，而人类对粮食的需求也不断上升。据预测，到2050年，世界总人口将由目前的70亿人增加到90亿人，人类对粮食的需求将在当前的水平上再增长70%～100%。粮食的生产离不开淡水，因此，淡水资源已经成为影响农业发展和世界粮食供应的主要因素。要破解耕地面积有限、淡水资源紧缺和世界粮食需求上涨之间的难题，发展节水灌溉技术成为解决问题的关键。

节水灌溉是以最低限度的用水量获得最大的产量或收益，也就是最大限度地提高单位灌溉水量的农作物产量和产值的灌溉措施。通过节水灌溉，农作物得到及时的灌溉，提高了灌溉保证率，能有效促进粮食增产增收，这也是节水灌溉工程的主要效益。此外，还可节大量的人力物力，实现节水、节地、节电等，提高综合效益。

目前，欧美等农业发达国家在节水灌溉方面已经取得重大进展，节水灌溉的普及程度较高。在发达国家，喷灌技术、微灌技术、渠道防渗工程技术、管道输水灌溉技术等节水灌溉技术已经较为成熟，其中，喷灌、滴灌又是最先进的节水灌溉技术，欧美发达国家60%～80%的灌溉面积采用喷灌、滴灌的灌溉方法，农业灌溉率约为70%以上。数据显示，目前全世界的总耕地面积仅为15亿公顷，有灌排设施的耕地面积仅占27%，却生产出全世界55%的粮食，预计今后新增的粮食产量中80%～90%将来自有灌排设施的耕地。

目前，在我国推广应用的节水灌溉技术主要有：渠道防渗、管道输水、喷灌、微灌、滴灌、膜上灌溉、膜下滴灌、控制灌溉、坐水种、科学灌溉等。

# 第一节　渠道防渗技术

渠道输水是目前中国农田灌溉的主要输水方式。传统的土渠输水渠系水利用系数一般为0.4~0.5，差的仅0.3左右，也就是说，大部分水都渗漏和蒸发损失掉了。渠道渗漏是农田灌溉用水损失的主要因素，采用渠道防渗技术后，一般可使渠系水利用系数提高到0.6~0.85，比原来的土渠提高50%~70%。渠道防渗还具有输水快、有利于农业生产抢季节、节省土地等优点，是当前中国节水灌溉的主要措施之一。以下是目前在水里工程渠道防渗技术中常被采用的几种施工方法。

## 一、水利工程中土料防渗技术

土料防渗最大的优势就是可以在施工当地取材，这样就直接降低了工程的资金投入，同时可以使用机械进行工程作业，施工比较简单等优点。但是，也存在自身的弊端，例如，容易受到冷冻低温环境的影响，直接导致工程中防渗层疏松，失去防渗能力，所以，土料防渗只能适应中小型的渠道防渗工程。在土料防渗施工当中，要先对土料进行粉碎，使土料大小均匀，再对涂料进行筛选，以便于保证涂料的纯净性，达到工程施工使用要求的土质。在施工当中，要求土料干湿搅拌均匀，这样施工建设的土料工程，才能更加坚固和耐用。土料防渗层的厚度至少要大于15厘米，同时，在施工当中要分层进行铺设，在铺设中要达到土料施工的技术要求。在施工完成后也要加强工程的维护和保养，出现问题时，要及时进行维修和上报。

## 二、水利工程中膜料防渗技术

在水利工程中，膜料防渗具有其自身优势，施工材料成本低，使用方便体重较轻，便于运输且运输费用低，在施工中使用也较方便快捷。膜料材料还有一个最主要的特点就是具有很强的变形能力，可以适应各种地形，并且还具有一定强度的抗腐蚀性。膜料防渗材料自身最大的缺点就是抵抗穿刺能力比较差，容易发生老化和风化现象，不适合长时间的使用。在施工过程中，要特别注意膜料自身的完整性，如发现破损要及时进行处理和更换。在渠道铺设膜料时，要先对渠道中的杂草进行清理，再根据渠道的大小，对膜料进行加工以便于适应渠道的覆盖面积，在铺设时要保证膜料的平整，最大限度的发挥膜料防渗的作用。

## 三、水利工程中混凝土防渗技术

在水利工程防渗中，混凝土防渗技术是一种常见的渠道防渗方法，也收到了良好的防渗效果，它具有防水抗冲刷能力强，能够达到水利工程要求的强度，使用时间长，水资源输送能力强，同时，对气候和环境没有过于严苛的要求。混凝土防渗技术也有自身的缺点，就是在工程地沙石较少时，增加工程投入成本，降低了施工单位的效益。同时，混凝土衬砌板在发生变形时，就可能影响使用，也造成施工成本的增加。在混凝土防渗工程施工中，要加入适量的强化剂和干化剂，提高混凝土的性能。在混凝土预制板完成初期，要进行腹膜处理，当预制板达到要求后再进行拆模处理，当强度达到了设计要求后，进行预制板的运输。在工程砌缝中，使用水泥砂浆进行填缝，一般是选用 1：2.5 水泥沙浆进行接缝处理。在工程施工完成后，还要定期对工程进行维护和保养，提高工程的使用年限。

## 四、水利工程中砌石防渗技术

在水利工程中，砌石防渗技术有很好的抗冷缩性和热胀性，同时，还具有一定的抗冲击性。砌石防渗技术的使用能有效提高渠道防渗水平，砌石防渗还有很好的经久耐用性。砌石防渗主要适用于水流较急的渠道。砌石防渗技术在工程施工中，可以直接修砌在渠道基床上。在砌石铺设开始之前，铺设一层水泥沙浆，这样就大大提高渠道防渗水平。

在我国有众多的水利工程，渠道防渗工程在我国经济与社会发展中发挥不可取代的作用。我国水利工程在施工建设当中，存在严重的渗漏现象，直接造成水资源白白浪费。水利渠道防渗技术涉及工程施工的各个方面，为了保障渠道的防渗能力，应在工程建设中严格按照水利工程防渗要求执行。所以，加强水利工程渠道防渗的研究，是势在必行的举措。在今后防渗技术发展中，应加大防渗材料和技术的发展，为我国水利工程防渗提供有力的保障。

# 第二节　管道输水技术

管道输水是利用管道将水直接送到田间灌溉，是以管道代替明渠输水灌溉系统的一种工程形式，以减少水在明渠输送过程中的渗漏和蒸发损失，在田间灌水技术上，仍属于地面灌溉类。目前发达国家的灌溉输水已大量采用管道，中国北方井灌区的管道输水推广应用也较快。常用的管材有混凝土管、塑料硬（软）管及金属管等。管道输水与渠道输水相比，具有输水迅速、节水、省地、增产等优点，使水的利用系数可提高到 0.95，节电 20%～30%，省地 2%～3%，增产幅度 10%。

目前，管道输水主要用于输配水系统层次少（一级或二级）的小型灌区（特别是井灌区），也可用于输配水系统层次多的大型灌区的田间配水系统。其工作压力相对于喷灌、微喷灌等较低。根据低压管道输水灌溉的运用条件，通过研究和实践，其管道系统的压力一般不超过 0.2 米 Pa（帕斯卡），在克服管道的输水压力损失之后，管道最远处出口压力应控制在 0.002～0.003 米 Pa（帕斯卡）。

## 一、低压管道输水灌溉主要优点

### 1. 节约用水

以管道代替土渠输水，能减少输水过程中渗漏和蒸发损失，可节水 45% 左右，比石砌防渗渠道节水 15% 左右。

### 2. 输水快、省时、省力

管道输水灌溉是在一定压力下进行的，一般比土渠输水流速大，输水快，供水及时，有利于提高灌水效率，适时供水，节约灌水劳力。

### 3. 减少土渠占地

以管代渠在井灌区一般可比土渠减少占地2%左右。对于我国土地资源紧缺，人均占有耕地不足1.5亩的现实来说，这是一个很大的社会和经济效益，其意义极为深远。

### 4. 节能

用管道输水灌溉，比土渠输水多消耗一定能耗，但通过节水，提高水的有效利用率所减少的能耗，一般可节省能耗20%~25%。

### 5. 增产增收

节约的水量可扩大灌溉面积或增加灌水次数，改善田间灌水条件，缩短轮灌周期，有利于适时灌溉，及时有效地满足作物生长期，特别是作物需水关键期的需水要求，提高了单位水量的产值，粮食作物一般增产10%~20%。另外，管道代替土渠之后，避免了跑水漏水，也节省了管理用工。

## 二、管道输水系统的组成

管道输水灌溉系统，由水源与取水工程部分、输水配水管网系统和田间灌水系统3部分组成。

### 1. 水源与取水工程

管道输水灌溉系统的水源有井、泉、沟、渠道、塘坝、河湖和水库等。水质应符合《农田灌溉用水标准》且不含有大量杂草、泥沙等杂物，井灌区的取水工程应根据用水量和扬程大小，选择适宜的水泵和配套动力机、压力表及水表并建有管理房。自压灌区或大中型提水灌区的取水工程还应改进水闸、分水闸、拦污栅及泵房等配套建筑物。

### 2. 输水配水管网系统

输配水管网系统是指管道输水灌溉系统中的各级管道、分水设施、保护装置和其他附属设施。在面积较大灌区，管网可由干管、分干管、支管和分支管等多级管道组成。

### 3. 田间灌水系统

田间灌水系统指出水口以下的田间部分，它仍属地面灌水，因而应采取地面节水灌溉技术，达到灌水均匀并减小灌水定额的目的。

## 三、管道输水系统的分类

管道输水系统，按其压力获取方式、管网形式、管网可移动程度的不同等可分为以下类型。

### 1. 按压力获取方式分类

可分为机压输水系统和自压输水系统。

（1）机压（水泵提水）输水系统

可分为水泵直送式和蓄水池式，当水源水位不能满足自压输水要求时，要利用水泵加压，将水输送到所需要的高度或蓄水池中，通过分水口或管道输水至田间。目前，井灌区大部分采用直送式。

（2）自压输水系统

当水源较高时，可利用地形自然落差所提供的水头作为管道输水所需要的工作压力，在丘陵地区的自流灌区多采用这种形式。

### 2. 按管网形式分类

可分为树状网和环状网 2 种类型。

（1）树状网

管网呈树枝状，水流通过"树干"流向"树枝"，即从干管流向支管、分支管，只有分流而无汇流。

（2）环状网

管网通过节点将各管道连接成闭合环状网，根据给水栓位置和控制阀启闭情况，水流可作正逆方向流动。目前，国内低压管道输水灌溉系统多采用树状网，环状网在一些试点地区也有应用。

### 3. 按固定方式分类

低压管道输水灌溉系统，按固定方式可分为移动式、半固定式和固定式。

（1）移动式

除水源外，管道及分水设备都可移动，机泵有的固定，有的也可移动，管道多采用软管，简便易行，一次性投资低，多在井灌区临时抗旱时应用，但是劳动强度大，管道易破损。

（2）半固定式

其管道灌溉系统的一部分固定，另一部分移动。一般是水源固定，干管或支管为固定地埋管，由分水口连接移动软管输水进入田间。这种形式工程投资介于移动式和固定式之间，比移动式劳动强度低，但比固定式管理难度大，经济条件一般的地区宜采用半固定式系统。

（3）固定式

管道灌溉系统中的水源和各级管道及分水设施均埋入地下，固定不动。给水栓或分水口直接分水进入田间沟、畦，没有软管连接。田间毛渠较短，固定管道密度大、标准高。这类系统一次性投资大，但运行管理方便，灌水均匀，有条件的地方应逐渐推行这种形式。

## 四、管道输水工程管材

管材是管道输水灌溉系统的重要组成部分，其投资比重一般占工程总投资的70%～80%，直接影响到管灌工程的质量和造价。

### 1. 技术要求

①能承受设计要求的工作压力。管材允许工作压力应为管道最大正常工作压力的1.5倍。当管道可能产生较大水击压力时，管材的允许工作压力应不小于水击时的最大压力。

②管壁要均匀一致，壁厚误差应不大于5%。

③地埋暗管在农业机具和车辆等外荷载的作用下管材的径向变形率不得大于5%。

④满足运输和施工的要求，能承受一定的局部沉陷应力。

⑤管材内壁光滑，内外壁无可见裂缝，耐土壤化学侵蚀，耐老化，使用寿命满足设计年限要求。

⑥管材与管材、管材与管件连接方便，连接处应满足工作压力、抗弯折、抗渗漏、强度、刚度及安全等方面的要求。

⑦移动管道要轻便，耐碰撞，耐摩擦，不易被扎破及抗老化性能好等。

⑧当输送的水流有特殊要求时，还应考虑对管材的特殊需要。如灌溉与饮水结合的管道，要符合输送饮用水的要求。

**2. 选择方法**

在满足设计要求的前提下综合考虑以下积极因素进行管材选择：①管材管件的价格；②施工费用，包括运输费用、当地劳动力价值、施工辅助材料及施工设备费用；③工程的使用年限；④工程维修费用等。

管道可选择施工、安装方便及运行可靠的高密度聚乙烯管材（HDPE）、素混凝土管、水泥沙土管等地方管材。在水泥、沙石料可就地取材的地方，选择就地生产的素混凝土管较经济。在缺乏或远离砂石料的地方，选择 PE 管则可能是经济的。另外，选择管材还要考虑应用条件及施工环境的特殊要求。在管道有可能出现较大不均匀沉陷的地方，不宜选择刚性连接的素混凝土管，可选择柔性较好的 PE 管；在跨沟、过路的地方，可选择钢管、铸铁管；在矿渣、炉渣堆积的工矿区附近，可利用矿渣、炉渣就地生产水泥预制管。这样既发展了节水灌溉，又有利于环境保护；对将来可能发展喷灌的地区，应选择承压能力较高的管材，便于发展喷灌时利用。

总之，管材选择要遵循经济实用、因地制宜、方便施工的原则。同时，还应考虑生产厂家的生产能力和信誉，以避免不必要的纠纷。

**3. 渠灌区大口径管材的选择**

渠灌区由于具有控制面积大、输水流量大、输配水系统层次多、地形复杂、线路长、管网水压力分布复杂等特点，因此，在管材选择上要充分考虑其特点。其中，中小口径的管材选择与井灌区基本一致，大口径管材和管件国内目前主要以 HDPE 高密度聚乙烯管为主。

### 4. 地面移动管道的选择

地面移动管道通常采用轻便柔软易于盘卷的软管。软管按其生产材料可分为聚氯乙烯塑料软管、涂胶软管、橡胶管、橡塑管等。选择时要求管材壁厚均匀，表面光滑平整，没有断线、抽筋、松筋、内外槽、脱胶、气孔和涂层夹杂质等缺陷。

在有条件的地方应结合实际积极发展管道输水。但是，管道输水仅仅减少了输水过程中的水量损失，而要真正做到高效用水，还应配套喷、滴灌等田间节水措施。目前，尚无力配套喷、滴灌设备的地方，对管道布设及管材承压能力等应考虑今后发展喷、滴灌的要求，以避免造成浪费。

# 第三节　喷灌技术

喷灌是利用管道将有压水送到灌溉地段，并通过喷头分散成细小水滴，均匀地喷洒到田间，对作物进行灌溉。它作为一种先进的机械化、半机械化灌水方式，在很多发达国家已广泛采用。

## 一、喷灌的优点

### 1. 节约用水，增加灌溉面积

由于喷灌基本上不产生深层渗漏和地面径流，灌水比较均匀，且管道输水损失少，所以，灌水有效利用系数高，比地面灌水省水 30%～50%，对于透水性强、保水能力差的沙质土地，节水效果更为明显，用同样的水能浇灌更多的土地。

### 2. 保持水土

喷灌的水滴直径和喷灌强度可根据土壤质地和透水性大小进行调整，能达到不破坏土壤的团粒结构，保持土壤的疏松状态，不产生土壤冲刷，使水分都渗入土层内，避免水土流失的目的。对于可能产生次生盐碱化的地区，采用喷灌可严格控制湿润深度，消除深层渗漏，防止地下水位上升和次生盐碱化。

### 3. 节地

采用喷灌不仅可大大减少土石方工程，还能腾出占总面积3%～7%的田间沟渠占地，用于种植作物，提高土地利用率。

### 4. 节省劳动力

喷灌的利用提高了灌溉机械化程度，大大减轻灌水劳动强度，节省劳动力。喷灌时用管道输水，无需田间的灌水沟渠和畦埂，一般情况下，干渠、支渠、斗渠、农渠、毛渠占地为10%～15%，与之相比较，喷灌可增加耕地7%～10%。

喷灌可实现高度机械化，大大提高生产效率，尤其是采用自动化控制的喷灌系统更可省大量的劳动力；喷灌取消了田间的输水沟渠，减少了杂草生长，免除了整修沟渠和清除杂草的工作；喷灌与施化肥和农药结合，也可节省大量的劳动力。

### 5. 适应性强

喷灌是通过喷洒的方式灌水，不受地形坡度和土壤透水性的限制，在地面灌水方法难于实现的场合，都可以采用喷灌的方法。

### 6. 提高产品数量和质量

喷灌可以采用较小灌水定额对作物进行浅浇勤灌，便于严格控制土壤水分，使之与作物生长需水更相适应；喷灌对耕作层土壤不产生机械破坏作用，可保持土壤团粒结构，使土壤疏松、孔隙多、通气条件好，促进养分分解、微生物活跃，提高土壤肥力；喷灌可以调节田间小气候，增加近地表层温度，夏季可降温，冬季可防霜冻，还可淋洗茎叶上的尘土，促进呼吸和光合作用，因而，给农作物创造了良好的生活环境，促进作物生长发育，达到增产的目的。

### 7. 保持生态平衡

改善人类和生物的生存环境。

从生态平衡的角度看，梯田改变了山丘地的原始状况，破坏了山地的表层结构和植被，一旦发生较大的暴雨，梯田将被冲毁，带来更严重的水土流失。目前，国家已明确规定 25°以上的坡地严禁开荒，已种耕地要限期退耕还林。

喷灌基本不用平整土地，对于丘陵和缓坡山地尤为有利。由于不破坏原始地面状态，保持了生态平衡，对于平原地区，喷灌可以根据土壤的质地和透水性的强弱确定雨滴的大小和灌水强度，不致破坏土壤的团粒结构，不形成板结，不产生地面径流，避免土壤冲刷。喷灌还可以控制水分，浅浇勤灌，不抬高地下水位，防止次生盐碱化，甚至可以用含一定盐分的微咸水进行喷灌，我国一些地区做了这方面的尝试，取得了良好的效果。

喷灌的适用范围较广、优点多，但也存在一些缺点和不足。主要表现在投资较高，喷灌受风的影响较大（一般风力达 3 级就要停喷），漂移蒸发损失较大（多时可以蒸发掉 10%），运行费用较高。

## 二、喷灌的分类

常用的喷灌有管道式、平移式、中心支轴式、卷盘式和中小型喷灌机组式。

### 1. 管道式

移动管道式喷灌通常将输水干管固定埋设在地下，田间支管和喷头可拆装搬移、周转使用，因而降低了投资。移动式管道喷灌除了具有一般喷灌省水、增产、省工、减轻农民负担和有利于农业机械化、产业化、现代化等优点以外，还具有设备简单、操作简便、投资低、对田块大小和形状适应性强、一户或联户均可使用等优点，是目前较适合中国国情、可以大力推广的一种微型喷灌形式，可适用于大田作物、蔬菜等。

### 2. 平移式

固定管道式喷灌是将管道、喷头安装在田间固定不动，其灌溉效率高，管理简便，适用于蔬菜、果树以及经济作物灌溉。但是投资较高，不利于机械化耕作。

### 3. 中心支轴式

中心支轴式与平移式大型喷灌机，只能在预定范围内行走，行走区域内不能有高大障碍物，土地要求较平整。其机械化和自动化程度高，适用于大型农场或规模经营程度较高的农田。

### 4. 卷盘式

绞盘式喷灌机，靠管内动水压力驱动行走作业，与中心支轴式及平移式的大型喷灌机相比，具有机动灵活、适应大小田块、亩设备投资低等优点，是一种适合中国国情、有发展前景的喷灌形式，可适用于大田作物、蔬菜等。绞盘式喷灌机有喷枪式和折架式 2 种，后者具有雾化好、耗能低的优点。轻小型机组式喷灌，可以手抬或装在手推车或拖拉机上，具有机动灵活、适应性强、价格较低等优点，通常用于较小地块的抗旱喷灌。

### 5. 中小型喷灌机组

中小型喷灌机组，这是我国在 20 世纪 70 年代用得最多的一种喷灌模式，常见的形式是配有 1~8 个喷头，用水龙带连接到装有水泵和动力机的小车上，动功率多为 3~12 马力，使用灵活，每公顷投资为固定管道式的 20%~60%，移动费劳力大，管理要求高，近年来，发展的规模似有降低的趋势，只适用于中小型的农场和田块。但投资较低，使用灵活。以上各种喷灌形式各有利弊，各自适合于不同的条件，因此，只能因地制宜地选择使用。

## 三、喷灌系统设备构成

作为一项为农业生产服务的工程措施，喷灌系统主要由水源工程、首部装置、输配水管道系统和喷头等部分构成。

### 1. 水源工程

水源工程包括河流、湖泊、水库和井泉等都可以作为喷灌的水源，但都必须修建相应的水源工程，如泵站及附属设施、水量调节池等。

### 2. 水泵及配套动力机

喷灌需要使用有压力的水才能进行喷洒。通常是用水泵将水提吸、增压、输送到各级管道及各个喷头中，并通过喷头喷洒出来。喷灌可使用各种农用泵，如离心泵、潜水泵、深井泵等。在有电力供应的地方常用电动机作为水泵的动力机，在用电困难的地方可用柴油机、拖拉机或手扶拖拉机等作为水泵的动力机，动力机功率大小根据水泵的配套要求而定。

### 3. 管道系统及配件

管道系统一般包括干管、支管、竖管三级，其作用是将压力水输送并分配到田间喷头中去。干管和支管起输、配水作用，竖管安装在支管上，末端接喷头。管道系统中装有各种连接和控制的附属配件，包括闸阀、三通、弯头和其他接头等，有时在干管或支管的上端还装有施肥装置。

### 4. 喷头

喷头将管道系统输送来的水通过喷嘴喷射到空中，形成下雨的效果撒落在地面来灌溉作物。喷头装在竖管上或直接安装于支管上，是喷灌系统中的关键设备。

### 5. 田间工程

移动式喷灌机在田间作业，需要在田间修建水渠和调节池及相应的建筑物，将灌溉水从水源引到田间，以满足喷灌的要求。

## 四、喷灌的技术要求

喷灌是一种具有多功能和综合效益的先进灌水技术。为了使建成的喷灌工程充分发挥效益，体现喷灌的优越性，在进行喷灌工程技术设计前必须清楚喷灌的技术要求，也就是说必须清楚地了解评价喷灌工程质量优劣的技术标准

### 1. 适时适量地给作物提供水分

要做到这一点，必须制定合理的灌溉制度，保证干旱年或半干旱年作物正常生长对水分的要求。即喷灌工程的设计标准必须满足灌溉保证率不低于85%，按这个标准配套容量合理、工程结构可靠、运行安全方便、各部分的设计规格能保证喷灌灌溉制度实施的水源工程。

## 2. 有适宜的喷灌强度

适宜的喷灌强度指组合喷灌强度，影响其数值大小的主要因素与影响组合均匀度的因素相同。要求喷头的组合喷灌强度不得大于当地土壤的允许喷灌强度。对于行喷式喷灌系统的喷灌强度可以略大于土壤的允许喷灌强度，在喷洒的过程中允许地面出现当时渗不下去而过后能很快渗入的小水洼，但不得出现地面径流。

## 3. 有较高的喷灌均匀度

喷灌均匀度指的是组合均匀度，它与单个喷头的倾斜度、地面坡度、风速、风向等因素有关。要求在设计风速下，定喷式喷灌系统的组合均匀系数不低于75%，行喷式喷灌机的组合均匀系数不低于85%。

## 4. 有良好的雾化程度

喷灌水是以模拟天然降水的形式落在田间的，为了避免土壤板结或损坏作物，要求喷洒水滴对土壤和作物的打击强度要小。但是水滴雾化要消耗能量，雾化过度不仅不经济，而且因细小水滴容易被风吹散、漂移，蒸发损失加大。因此，应根据作物种类，以不损坏作物为度，选用具有适宜雾化指标的喷头。

总之，喷灌的技术特征：要求灌溉水必须均匀地分布在所灌溉的土地上，同时，喷洒后地表不产生径流和积水，没有灌溉水的二次再分配。此外，喷洒水滴不得破坏土壤的团粒结构，也不得伤害作物，造成减产。为了使喷灌达到上述的技术要求，规定了喷灌的技术"三要素"，即喷灌强度、喷灌均匀度和喷灌雾化指标。任何喷灌过程只有当这 3 项技术指标的值不低于国家标准要求时，才能达到喷灌的省水、增产、保土、保肥、提高作物品质的效果。

## 五、喷灌存在的问题

### 1. 规划设计不合理

有些灌区发展喷灌根本没有搞规划设计，仅靠管道生产厂家画个草图，依此为据进行施工。有的搞了设计，但设计单位不太懂行，致使漏喷现象很严重。还有的灌区低压管道输水系统是在原有的地面灌溉系统的前提下设计的，试压时管道爆裂。喷头的搭配不合理也是设计中的另一问题，系统中所有的喷头全部采用全圆式喷头，造成田边地角水量和能源严重浪费，增加了运行费用。

### 2. 喷灌系统的选择问题

喷灌系统需要选择，不是所有的方法都适合所有的地方和所有的作物，因此，必须因地制宜，选择适合本地的喷灌系统。

### 3. 喷灌设备的质量问题

目前，喷灌发展中存在的首要问题是设备质量问题。经过多年的技术引进、消化和吸收，我国虽然能独立生产相对成套的喷灌设备，但市场上缺乏有效的产品质量监督检查机构，价格无序，售后服务差，也制约了喷灌事业的顺利发展。

喷头按工作压力分有低压喷头、中压喷头和高压喷头 3 种。低压喷头指工作压力小于 20 千帕的喷头，中压喷头指压力工作压力为 200~500 千帕的喷头，工作压力大于 500 千帕的称为高压喷头，高压喷头很少用到。中压喷头用得最多，一般大田作物喷灌都用中压喷头。对于苗圃、幼嫩蔬菜或城市中的草地、花卉，常用低压喷头。目前，用得较多的国产喷头有 ZY 喷头、PY 型、PYS 型等喷头。进口喷头有美国的雨鸟、以色列的雷欧喷头等。目前，国产喷头质量已达到较高水平，而且价格明显低于进口喷头，因此，一般情况下宜采用国产喷头。

### 4. 喷灌系统运行管理问题

地面灌溉系统给夏作物配水只有 2~3 次，轮期长达 25~50 天不等，可喷灌系统对大田作物的喷灌周期为 7~10 天。这对灌区的管理部门来说也是一个新课题。各喷灌系统建有蓄水池，其来水量与水泵的出水量时有矛盾发生，加之水泵故障或停电等原因造成频繁停机再开机，使运行费用大大增加。水源未加过滤或沉淀，时有淤积于水泵或堵塞喷头，造成系统无法运行。

### 5. 农民认识不足，抵触情绪大

由于喷头质量差，加之系统压力不稳定或操作不当，导致系统不能运转，致使有人在喷头上加上橡皮筋等。农民有大水漫灌的习惯，认为喷灌的定额太小，耐旱能力小，所以，有的农民随意加设喷头，有的农民连竖管拔了，用支管直接冒水浇地。

### 6. 固定式喷灌不利于机耕

尤其是在平原地区，田间的固定管道对机械很有妨碍，耕作时经常碰坏出地竖管，国外采用免耕法也是一种解决措施。在我国，对于大田全固定式喷灌，审查时一般均予否定，其理由：一是投资过高；二是影响机械化作业。

### 7. 移动式、半固定式管道喷灌系统搬运管道困难

采用这两种喷灌系统，对于刚刚喷过的土壤，还容易伤苗和破坏土壤，所以，尽量选用轻质管道，如薄壁金属管道和塑料管道。考虑在刚喷完的位置移管困难，一般设计时都采用1套或2套备用管道，因而，增加了管道总用量。

### 8. 中心支轴式、平移式等大型机组对土地平整要求较高

我国农村田块较分散，村落、房舍也零乱，发展大型机组有一定困难。但在东北、新疆、内蒙古等地广人稀的省区，发展大型机组还是大有作为的。

## 六、喷灌的应用及发展趋势

喷灌既是一种省水、增产、高效的灌溉方式，又是一种高能耗的灌水方式。如何从喷灌经营的特点出发搞好经营管理，提高灌溉水的利用率，达到增产、增收、增效的目的，探索一条适合我国农业生产的喷灌发展之路，是目前广大水利工作者和农民所共同关心的课题，其每一个细节都是不能忽视的。

### 1. 重视设计安装工作

对于较大规模的喷灌工程或责任田的小型喷灌系统，都应十分重视其规划和安装。从设计上来讲，一是要考虑在当地水源、土壤、作物种类、管理水平等因素的基础上，按照喷灌工程设计规划认真设计，出具设计图纸；二是要注意系统设备的完整配套性；三是严把设备采购关，要选用优质设备，不能只图便宜伤害农民。招标不能只作为一种形式，应落到实处，杜绝招标中的不正当行为。

## 2. 在不影响作物正常生长的情况下增加作业内容

增加作业内容，如利用喷灌设备喷施化肥、杀虫剂、除草剂等，会使作物健康生长，充分发挥喷灌技术在农业生产中的综合应用。

## 3. 实现降耗新突破

降低压力等级。喷灌能耗的主要部分是用于保持喷头的正常工作压力，将常用的中压喷头改为低压喷头，则能耗可降低 50% 以上；进一步改用微喷，则能耗可节约 70% 以上，因此，降低喷头工作压力，是节约能耗的重要措施。此外，搞好节水节能，对耗能的供水，节水就是节能，加强喷灌系统的科学管理，严格控制喷水时机和喷水量，对增产节水都具有重要的意义。适当增加喷水次数，降低喷水的喷水量，注意天气预报，看天喷水，以充分利用天然降雨，也可收到节水节能的效果。

## 4. 要以经济实效为原则

发展灌溉一定要从各地的实际出发，因地制宜。充分考虑各地喷灌发展的实际情况，量力而行，时机不成熟的不要盲目发展，在发展规模、速度、档次上更应因地制宜，不能盲目。喷灌能否大面积推广，关键在于是否有较高的经济效益，喷灌的经济效益是由灌区的作物情况决定的，在农村调整产业结构时，合理成片安排一批经济作物专业生产，对提高喷灌效益有着十分重要的意义，也是发展喷灌的必要条件。

## 5. 强化喷灌工程的管理模式

喷灌作为一种先进的灌溉方式，必须配以先进的技术才能发挥其优越性。灌水技术主要是指合理的灌水制度，包括不同作物，不同生育期的灌水起始点、灌水上限、灌水定额、灌水周期的确定、灌水时间、灌水次数等方面。因此，应建立相应的管理责任制。

## 6. 喷灌系统的使用与维护也不可忽视

喷灌是发展节水灌溉农业的重要技术措施，在我国干旱地区已得到大面积的推广，在农业的持续稳定增产中发挥了重要的作用。但要更好地发挥田间喷灌系统的优势，还必须在正确使用和维护方面很重视。如干、支管道上的阀门、喷灌系统的各部压力、检查喷灌系统的各个部分等等。因此，维护运行好喷灌系统，是有效地发挥喷灌系统经济效益和社会效益的关键。

# 第四节　滴灌节水技术

滴灌是按照作物需水要求，通过管道系统与安装在毛管上的灌水器，将水和作物需要的水分和养分一滴一滴，均匀而又缓慢地滴入作物根区土壤中的灌水方法。滴灌不破坏土壤结构，土壤内部水、肥、气、热经常保持适宜于作物生长的良好状况，蒸发损失小，不产生地面径流，几乎没有深层渗漏，是一种省水的灌水方式。滴灌的主要特点是灌水量小，灌水器每小时流量为 2 ~ 12 升。因此，一次灌水延续时间较长，灌水的周期短，可以做到小水勤灌；需要的工作压力低，能够较准确地控制灌水量，可减少无效的棵间蒸发，不会造成水的浪费；滴灌还能实行自动化管理。

## 一、滴灌的优点

### 1. 节水、节肥、省工

滴灌属全管道输水和局部微量灌溉，使水分的渗漏和损失降低到最低限度。同时，又由于能做到适时地供应作物根区所需水分，不存在外围水的损失问题，又使水的利用效率大大提高。灌溉可方便地结合施肥，即把化肥溶解后灌注入灌溉系统，由于化肥同灌溉水结合在一起，直接均匀地施到作物根系层，真正实现了水肥同步，大大提高了肥料的有效利用率，同时，又因是小范围局部控制，微量灌溉，水肥渗漏较少，故可节省化肥施用量，减轻污染。运用灌溉施肥技术，为作物及时补充价格昂贵的微量元素提供了方便，并可避免浪费。滴灌系统仅通过阀门人工或自动控制，又结合了施肥，故又可明显节省劳力投入，降低了生产成本。

### 2. 控制温度和湿度

传统沟灌的大棚，一次灌水量大，地表长时间保持湿润，不但棚温、地温降低太快，回升较慢，且蒸发量加大，室内湿度太高，易导致蔬菜或花卉病虫害发生。因滴灌属于局部微灌，大部分土壤表面保持干燥，且滴头均匀缓慢地向根系土壤层供水，对地温的保持、回升，减少水分蒸发，降低室内湿度等均具有明显的效果。采用膜下滴灌，即把滴灌管（带）布置在膜下，效果更佳。另外，滴灌由于操作方便，可实行高频灌溉，且出流孔很小，流速缓慢，每次灌水时间比较长，土壤水分变化幅度小，故可控制根区内土壤能够长时间保持在接近于最适合蔬菜、花卉等生长的湿度。由于控制了室内空气湿度和土壤湿度，可明显减少病虫害的发生，进而又可减少农药的用量。

### 3. 保持土壤结构

在传统沟畦灌较大灌水量作用下，使设施土壤受到较多的冲刷、压实和侵蚀，若不及时中耕松土，会导致严重板结，通气性下降，土壤结构遭到一定程度破坏。而滴灌属微量灌溉，水分缓慢均匀地渗入土壤，对土壤结构能起到保持作用，并形成适宜的土壤水、肥、热环境。

### 4. 改善品质、增产增效

由于应用滴灌减少了水肥、农药的施用量以及病虫害的发生，可明显改善产品的品质。总之，较之传统灌溉方式，温室或大棚等设施园艺采用滴灌后，可大大提高产品产量，提早上市时间，并减少了水肥、农药的施用量和劳力等的成本投入，因此，经济效益和社会效益显著。设施园艺滴灌技术适应了高产、高效、优质的现代农业的要求，这也是其得以存在和大力推广使用的根本原因。

## 二、滴灌的分类

根据不同的作物和种植类型，滴灌系统可分为固定式和半固定式两类。固定式滴灌系统是指全部管网安装好后不再移动，适用于果树、葡萄、瓜果、蔬菜等作物；半固定式滴灌系统干、支管道为固定的，只有田间的毛管是移动的，一条毛管可控制数行作物，灌水时，灌完一行后再移至另一行进行灌溉，依次移动可灌数行，这样可提高毛管的利用率，降低设备投资，这种类型滴灌系统适用于宽行蔬菜与瓜果等作物。

根据滴灌工程中毛管在田间的布置方式、移动与否以及进行灌水的方式不同，可以将滴灌系统分成以下3类。

### 1. 折叠地面固定式

毛管布置在地面，在灌水期间毛管和灌水器不移动的系统称为地面固定式系统，现在绝大多数采用这类系统。应用在果园、温室、大棚和少数大田作物的灌溉中，灌水器包括各种滴头和滴灌管、带。这种系统的优点是安装、维护方便，也便于检查土壤湿润和测量滴头流量变化的情况；缺点是毛管和灌水器易于损坏和老化，对田间耕作也有影响。

### 2. 折叠地下固定式

将毛管和灌水器（主要是滴头）全部埋入地下的系统称为地下固定式系统，这是在近年来滴灌技术的不断改进和提高，灌水器堵塞减少后才出现的，但应用面积不多。与地面固定式系统相比，它的优点是免除了毛管在作物种植和收获前后安装和拆卸的工作，不影响田间耕作，延长了设备的使用寿命；缺点是不能检查土壤湿润和测量滴头流量变化的情况，发生问题维修也很困难。

### 3. 移动式

在灌水期间，毛管和灌水器在灌溉完成后由一个位置移向另一个位置进行灌溉的系统称为移动式滴灌系统，此种系统应用也较少。与固定式系统相比，它提高了设备的利用率，降低了投资成本，常用于大田作物和灌溉次数较少的作物，但操作管理比较麻烦，管理运行费用较高，适合于干旱缺水、经济条件较差的地区使用。根据控制系统运行的方式不同，可分为折叠手动控制、半自动控制和全自动控制3类。

（1）折叠手动控制

系统的所有操作均由人工完成，如水泵、阀门的开启、关闭，灌溉时间的长短，何时灌溉等。这类系统的优点是成本较低，控制部分技术含量不高，便于使用和维护，很适合在我国广大农村推广；不足之处是使用的方便性较差，不适宜控制大面积的灌溉。

（2）全自动控制

系统不需要人直接参与，通过预先编制好的控制程序和根据反映作物需水的某些参数可以长时间地自动启闭水泵和自动按一定的轮灌顺序进行灌溉。人的作用只是调整控制程序和检修控制设备。这种系统除灌水器、管道、管件及水泵、电机外，还包括中央控制器、自动阀、传感器（土壤水分传感器、温度传感器、压力传感器、水位传感器和雨量传感器等）及电线等。

（3）半自动控制

系统在灌溉区域没有安装传感器，灌水时间、灌水量和灌溉周期等均是根据预先编制的程序，而不是根据作物和土壤水分及气象资料的反馈信息来控制的。这类系统的自动化程度不等，有的一部分实行自动控制，有的是几部分进行自动控制。

## 三、滴灌组成

滴灌系统主要由首部枢纽、管路和滴头3部分组成。

1. 首部枢纽

首部枢纽包括水泵（及动力机）、施肥罐、过滤器、控制与测量仪表等。其作用是抽水、施肥、过滤，以一定的压力将一定数量的水送入干管。

2. 管路

管路包括干管、支管、毛管以及必要的调节设备（如压力表、闸阀、流量调节器等）。其作用是将加压水均匀地输送到滴头。

3. 滴头

滴头的作用是使水流经过微小的孔道，形成能量损失，减小其压力，使它以点滴的方式滴入土壤中。滴头通常放在土壤表面，亦可以浅埋保护。

## 四、简易滴灌技术

用 1~5 条管径为 4~6 毫米、长度为 55 米的塑料细管作毛管，在毛管首部 5 米处开始打孔，孔径为 1.2 毫米，每两孔间距 35 厘米，毛管与毛管相隔 2 米为宜。使用时，先把毛管的首部直接插入水池，然后固定好，利用倒虹吸原理，将水通过输水短管进入多孔毛管，待毛管尾部有水流且无杂物后堵好，然后把每条毛管按 2 米间距放在作物附近，每行作物待灌水适宜后再移到另一行灌溉。

这种简易滴灌是适宜大棚、山地、沟地、小块地以及水利条件比较差的地方，具有下列显著的优点。

①水的利用率高，可达到 90%，比喷灌节约用水 50%~60%。

②蓄水工程简单，只需 0.5~1 米的压力水头就能满足灌溉需要。蓄水池可以是已建成的池子，也可以是拉水车上的水罐或水桶，还可以在丘陵区挖个水池，在里面铺上防渗的塑料布。

③投资少、效率高，按 5 条毛管计算，每天可滴灌 5 亩。浇地与管理方便，每家都能制作。灌溉过程中如果发现局部孔眼堵塞，可立即扎孔解决。

## 五、存在问题

### 1. 易引起堵塞

灌水器的堵塞是当前滴灌应用中最主要的问题，严重时，会使整个系统无法正常工作，甚至报废。引起堵塞的原因可以是物理因素、生物因素或化学因素。如水中的泥沙、有机物质或是微生物以及化学沉凝物等。因此，滴灌时水质要求较严，一般均应经过过滤，必要时，还需经过沉淀和化学处理。

### 2. 可能引起盐分积累

当在含盐量高的土壤上进行滴灌或是利用咸水滴灌时，盐分会积累在湿润区的边缘，若遇到小雨，这些盐分可能会被冲到作物根区而引起盐害，这时应继续进行滴灌。在没有充分冲洗条件下的地方或是秋季无充足降水的地方，则不要在高含盐量的土壤上进行滴灌或利用咸水滴灌。

### 3. 可能限制根系的发展

由于滴灌只湿润部分土壤，加之作物的根系有向水性，这样就会引起作物根系集中向湿润区生长。另外，在没有灌溉就没有农业的地区，如我国西北干旱地区，应用滴灌时，应正确地布置灌水器。

## 六、注意事项

①滴灌的管道和滴头容易堵塞，对水质要求较高，所以，必须安装过滤器。

②滴灌投资较高，要考虑作物的经济效益。

③滴灌不能调节田间小气候，不适宜结冻期灌溉，在蔬菜灌溉中不能利用滴灌系统追施粪肥。

④滴灌系统易于光伏提水系统相结合，完成一个节水灌溉系统，可以节水节电节能源。光伏提水系统可以在无市电的偏远地区供电，为进入滴灌系统的前期做好铺垫。

# 第五节　膜上灌溉

膜上灌溉是在地膜覆盖栽培基础上发展起来的一种地面灌溉方法，它是将地膜平铺于畦中或沟中，利用地膜输水，通过作物的放苗孔和专设灌水孔入渗给作物的灌水方法。

## 一、膜上灌溉的优点

膜上灌能够将田面水经过放苗孔或专用渗水孔，只灌作物，属局部灌溉，减少了沟灌的田面蒸发和局部深层渗漏。据实验，膜上灌比沟灌节水25%~30%，水的利用率可达80%以上。在水资源匮乏的沟灌区改膜上灌，节水可达40%~50%。如果膜上灌这种田面节水技巧与管道输水（水的利用率97%）配合灌溉，水综合利用率可达近90%。同时，膜上灌与沟灌相比均匀度有很大提高，能够给作物供给较适宜的水分用量，有利于作物吸收且泥土不板结。

## 二、膜上灌溉的形式

### 1. 膜畦膜上灌

膜畦膜上灌是畦田覆膜种植作物的一种节水灌溉方法。灌水时将水引入畦内，水在膜上流动并由放苗孔和膜缝渗入土中。

（1）培埂膜畦膜上灌

利用带打埂器的铺膜机，在铺膜的同时，将膜侧筑起 20 厘米高的土埂。膜畦长一般为 30~50 米，宽 70~90 厘米，膜两侧各有 10 厘米左右的渗水带。这种膜上灌由于两侧有土埂，膜上水流不会溢出膜畦，膜两侧的渗水带可以补充供水不足的问题。入畦流量一般为 5 升/秒左右。

（2）膜畦膜孔灌

由培埂膜畦膜上灌改进而来，由专门的铺膜机完成铺膜，将膜宽 70 厘米的农膜铺成梯形，两侧翘起 5 厘米埋入土埂中，畦长 80~100 米，宽 40 厘米左右。灌水时，水通过放苗孔和增设孔渗入土壤，入畦流量为 1~2 升/秒，灌水均匀度高，节水效果好。

### 2. 膜孔沟灌

即先将土地整成沟垄相间的波浪形田面，再在沟底及两侧铺膜，作物种在沟坡或垄背上。灌水时，水流通过放苗孔渗入，浸润作物根区土壤，孔距、孔径因土质和作物灌水要求而定。对轻质土、壤土以孔径 5 毫米、孔距 20 厘米的单排孔为宜。入沟流量以 1~1.5 升/秒为宜。

### 3. 膜缝沟灌

膜缝沟灌是膜孔沟灌的一种改进方法。即将膜铺在垄背（沟坡）上，在沟底两膜相会处预留 2~4 厘米的缝隙，水流通过放苗孔和缝隙渗入土中。膜孔沟灌与膜缝沟灌都适合于瓜、菜等作物的节水灌溉。

### 4. 细流膜上灌

即在普通地膜种植条件下，利用第一次灌水前追肥之机，用专门机械将作物行间的地膜划开一条膜缝并压一小沟。灌水时，将水放入小沟内进行灌溉，类似膜缝沟灌，但沟流量很小（约为 1.5 升/秒），适合于 1% 以上的大坡度地区。

5. 格田膜上灌

即将土地平整成网格式的田块，然后铺膜灌溉，田埂呈三角形，高 15～20 厘米，每块格田可不足 1 000 平方米，格田膜上灌主要用于稻田。

### 三、膜上灌溉技术要点

影响膜上灌水的因素主要有土壤类型、地形坡度、灌水强度、入膜流量、膜上流速、膜畦规格、灌水定额、灌水时间、畦首尾进水时差等。对于黏土和壤土来说，当地面坡度为 0.1% 时，膜畦长度为 20～25 米为宜，膜畦宽 1 米时，入畦流量以 1.5 升/秒为宜；膜畦宽 2 米时，入畦流量以 2～2.5 升/秒为宜。地面坡度为 0.6% 时，畦长 60～80 米，入畦流量以 1.5～2 升/秒为宜。对于草甸土，地面坡度 0.3%～0.4% 时，畦长 50 米，入畦流量可达 2 升/秒；对沙壤土，地面坡度为 0.4% 时，畦长可控制在 50～100 米，入畦流量为 1.1～1.3 升/秒。

# 第六节　膜下滴灌技术

膜下滴灌技术，是在膜下应用滴灌技术。这是一种结合了以色列滴灌技术和国内覆膜技术优点的新型节水技术，即在滴灌带或滴灌毛管上覆盖一层地膜。这种技术是通过可控管道系统供水，将加压的水经过过滤设施滤清后，和水溶性肥料充分融合，形成肥水溶液，进入输水干管-支管-毛管（铺设在地膜下方的灌溉带），再由毛管上的滴水器一滴一滴地均匀、定时、定量浸润作物根系发育区，供根系吸收。

### 一、膜下滴灌技术的优点

1. 灌溉用水量最省

滴灌仅湿润作物根系发育区，属局部灌溉形式，由于滴水强度小于土壤的入渗速度，因而，不会形成径流使土壤板结。膜下滴灌滴水量很少，且能够使土壤中有限的水分循环于土壤与地膜之间，减少作物的棵间蒸发。覆盖地膜还能将较小的无效降雨变成有效降雨，提高自然降雨的利用率。据测试：膜下滴灌的平均用水量是传统灌溉方式的12%，是喷灌的50%，是一般滴灌的70%。

**2. 肥料利用率提高**

易溶肥料施肥，可利用滴灌随水滴到作物根系土壤中，使肥料利用率大大提高。据测试，膜下滴灌可使肥料的利用率由30%～40%，提高到50%～60%。

**3. 增产效果明显**

膜下滴灌能适时适量地向作物根区供水供肥，调节棵间的温度和湿度；同时，地膜覆盖昼夜温差变化时，膜内结露，能改善作物生长的微气候环境，从而为作物生长提供良好的条件，因而增产效果明显。据调查，膜下滴灌可使一般的低产棉花产量提高30%，蔬菜增收40%，西瓜、甜瓜增收25%。

**4. 用工费用低**

膜下滴灌，由于植物行间无灌溉水分，因而，杂草比全面积灌溉的土壤少，可减少除草投工；土壤不板结，可减少锄地次数；滴灌系统不需平整土地和开沟打畦，可实行自动控制，大大降低田间灌水的劳动量和劳动强度。据调查，滴灌比大水漫灌省工10个/亩左右。

**5. 工程造价便宜**

多少年来，滴灌技术一直被人们称为昂贵技术而仅应用在高附加值的作物中。随着水资源的日趋短缺和国产滴灌设施的发展，适合国情、降低投资的研究取得很大的进展，滴灌技术已完全能够进入大田作业和适应普通农业使用。

## 二、膜下滴灌系统的构成

膜下滴灌系统以首部设备（水泵、过滤器、施肥、施药装置等）为中心，通过可控管道系统供水，将肥水溶液输入铺设在地膜下方的灌溉带，通过滴灌带上的滴水器将肥水溶液均匀、定时、定量地浸润作物根系发育区，供根系吸收。

根据滴灌水压的不同，可将膜下滴灌设施分为常压式和加压式 2 种。

### 1. 常压式膜下滴灌系统

通过铺放在地头的管网系统将水肥直接引入作物行间的毛管内，再通过阀门控制滴灌量。

### 2. 加压式膜下滴灌系统

通过首部设备将水肥药液经过地埋主管道、支管道压送至地面进行滴灌。

## 三、实施要点

### 1. 定植前整地施肥

基肥品种以优质有机肥、化肥、复混肥等为主，在中等肥力条件下，结合整地每亩施优质有机肥（以优质腐熟猪厩肥为例）5 000~6 000 千克，磷肥（如 $P_2O_5$）6~10 千克，钾肥 5~10 千克。

### 2. 滴灌设备的安装

按照不同作物的行距、株距，安装滴灌管道。根据畦宽每畦铺设 1~2 条滴灌管（带），滴头朝上。如果使用旧滴灌管（带），一定要检查其漏水和堵塞情况。

### 3. 地膜覆盖

铺设滴灌管道后，进行地膜覆盖，地膜覆盖的方式依当地自然条件、作物种类、生产季节及栽培习惯不同而异。常用方式有平畦覆盖、高垄覆盖、高畦覆盖、沟畦覆盖等方式。

# 第七节　自动控制灌溉系统

自动控制灌溉系统是将自动控制与灌溉系统有机地结合起来，使灌溉系统在无人干预的情况下，通过控制器按规定的程序或指令自动进行灌溉。按照控制程度，可分为全自动控制灌溉系统和半自动控制灌溉系统。

## 一、全自动控制灌溉系统

全自动控制灌溉系统不需要人直接参与，通过预先编制好的控制程序和根据反映作物需水的某些参量，可以长时间地自动启闭水泵，按一定的轮灌顺序进行灌溉，人的作用只是调整控制程序和检修控制设备。该系统中除灌水器、管道、管件及水泵、电机外，还有中央控制器、自动阀、传感器及电线等。在园林绿地灌溉中普遍应用的中央计算机控制系统，是典型的全自动控制灌溉系统。基于自动气象站的中央计算机控制灌溉系统，也属于全自动控制灌溉系统，自动气象站中的气温、雨量、湿度等传感器，是系统的信号反馈设备，此信号供中央计算机采集和分析后，自动指挥灌溉系统运行。

## 二、半自动控制灌溉系统

半自动控制灌溉系统在田间没有安装传感器，灌水时间、灌水量和灌溉周期等均是根据预先编制的程序，而不是根据作物和土壤水分及气象状况的反馈信息来控制的，是针对某种植物在某种需水量条件下而设计的。因此，系统供水流量是既定的，某种植物的需水量最终反映在需要灌多长时间上，通常是把灌水时间作为控制参量，从而实现自动灌溉。该系统中无信号反馈设备，控制器是控制部分的核心部件。

## 三、自动控制灌溉系统的组成及关键设备

### 1. 自动控制灌溉系统的组成

自动控制灌溉系统由灌溉系统和控制系统两部分组成，灌溉系统的组成与一般灌溉系统的组成完全相同。全自控制系统一般由中央控制器、自动阀、传感器（土壤水分传感器、温度传感器、压力传感器、水位传感器和雨量传感器等）及电线等组成。半自动控制系统一般由控制器、自动阀及电线组成。

### 2. 关键设备

目前，我国基本上采用的是半自动控制灌溉系统，现在及今后一段时期仍将

以分批分片建立半自动控制灌溉系统为主。因而，在此简要阐述该种灌溉系统的关键设备，任何半自动控制灌溉系统的控制系统均由控制器、自动阀和控制线构成。

（1）控制器

控制器是自动控制系统的主要部件，被称为自动控制灌溉系统的大脑。控制器根据管理人员输入的灌溉程序（灌溉开始时间、延续时间、灌水周期等）向电磁阀发出电信号，开启及关闭灌溉系统。控制器的容量可大可小，最小的控制器可控制一个电磁阀，最大的可控制数百个电磁阀。一台控制器可控制若干个轮灌区，一个轮灌区定义为一个站，一个站可控制 2~3 个电磁阀，控制器工作之前必须输入时间程序，较好的控制器通常可设置数套程序，以满足系统内不同作物或不同灌水方法下的灌水要求。另外，控制器通常还具备降雨延迟功能、手动灌溉控制等功能。随着技术的发展，控制器的功能将越来越多，使灌溉管理越来越灵活，最大限度地满足生产要求。

（2）自动阀

自动阀是实现控制器发出开启、关闭指令的关键设备。在自动控制灌溉系统中常用的自动阀是隔膜式电磁阀，阀门采用电控水动的工作方式。当电信号传到电磁阀上的电磁头时，电磁头自动打开隔膜上部的与电磁阀出口相通的排水孔，隔膜上部的水压释放，而管道系统的压力作用在隔膜下部，隔膜被迫上移打开阀门；当电信号中断时，隔膜上部的排水孔被关闭，隔膜中间有一小孔连通隔膜上下部，下部水体穿过此孔进入隔膜上部，由于隔膜上部面积大于下部面积，当隔膜上下压强相等时，上部水压力大于下部，隔膜下移关闭阀门。由此可见，电磁阀受电信号控制，但最终依靠水压力启闭，因此，到电磁阀处的水压力不得低于它启闭所要求的最小工作水压。另外，隔膜是随其上部水压力逐渐释放或增加而上下移动，缓慢启闭电磁阀，这一点对灌溉系统极其重要，它可有效减小管道中的水锤，防止水锤对灌溉系统的破坏。用于自动控制灌溉系统的电磁阀，不仅要有自动功能，而且还应具备手动功能，即使自动控制暂时失效，仍能保证灌溉系统正常工作。

（3）控制线

在自动控制灌溉系统中，控制器与电磁阀之间是以普通地埋电线实现电信号传输的，无论何种电磁阀，都有允许最低工作电压的指标，因而，由控制器输出的电压，经过电线损耗后送至电磁阀，此时的电压不得小于电磁阀的允许最低工作电压，才能保证电磁阀上的电磁头工作，从而打开电磁阀。由此可见，必须经过计算才能确定地埋电线的型号，各公司控制器的输出电压和电磁阀的允许最低工作电压指标不同，因而，选线的方法不见得相同。而同一系统选用不同公司的设备，选用的线型也不同，因为，所有电磁阀共用一条零线，所以，零线应比控制线粗。

# 第八节　坐水种

坐水种是一种耕作栽培模式，又称抗旱点种。即在埯中（播种的土坑）先注水后播种，使作物种子恰好坐落在灌溉水湿润过的土壤上，然后覆土，这种栽培模式称为坐水种。从作物种子萌发到出苗的生长发育过程中，种子或幼苗本身对水分的需求量少，但其对土壤小环境中水分的要求较高。种子发芽和出苗的适宜相对土壤含水量（田间持水量）约为 70%，通过坐水种可将水一次性注入播种穴或播种沟，以改善土壤小环境中水分状况，使种子或种苗处于湿土团或近似横向湿土柱中，既可满足种子发芽或种苗出土对水分的需求，又促进了种子周围土壤养分的移动，提高了养分有效性，有利于种苗出土和苗期生长。同时，该技术体现了利用有限水分进行润芽或润根，而不是灌地的节水新理念，实现了节水保苗的目的。

## 一、坐水种分类

依据采用工具的不同，坐水种可分为人工坐水种和机械坐水种两类。

### 1. 人工坐水种

从水源取水、运水、挖穴、注水、点种、施肥、覆土等作业程序均靠人工完成，其作业效率较低。

2. 机械坐水种

播种各项作业程序依靠农用运输车和播种机等完成。机械坐水种包括机械开沟明管坐水种和机械开沟暗管坐水种两种方式：明管坐水种是由三轮车装载水箱向已经开挖的播种沟内坐水，或由拖拉机牵引水车在开沟的同时，向沟内坐水，待水渗入土壤后进行播种、施肥和覆土等作业，其作业效率较人工坐水种提高 1 倍以上；暗管坐水种是开沟、坐水、点种、施肥、覆土及镇压等作业由一台播种机一次完成，实现了联合坐水播种，其播种质量和作业效率最高。

## 二、坐水种操作流程

①要掌握好灌水量、要灌透、灌匀。一般干土层厚 3~4 厘米每坑灌水 1 千克，干土层 6~7 厘米灌水 1.5 千克，干土层厚 8 厘米以上，灌水 2~2.5 千克。

②其次要先灌水，后下种和施肥，注意将种子和肥料放在湿土上。

③要及时覆土，防止水分蒸发，影响坐水效果。

## 三、坐水种的优点

①墒情好。出苗率高可达 98% 以上，较不坐水种的出苗率提高 30% 左右。

②可增加积温，提前 7~10 天出苗。且有利于提高肥效，致使种芽发育快、根系壮，苗势旺盛。

③坐水种与沟灌相比节水 70%~80%。干旱年土壤含水率占田间持水量的 51%~56% 时注水量 5 立方米/亩；严重干旱年，土壤含水率小于田间持水量的 51% 时，注水量 7 立方米/亩。

## 四、坐水种技术需要解决的问题

坐水种技术的发展推广主要靠机械化坐水种技术的不断完善。当前，机械化坐水种技术渐提高，应用面积不断扩大。但是，尚存在需要解决的技术问题，主要表现为作业效果不稳定、作业效率低、坐水量不精准等。

## 1. 实现精量坐水

机械载水坐水方式有拖拉机背负水箱载水和牵引拖车载水 2 种。由于受拖拉机功率和载水箱体积所限，载水量不能太大。一般中、小功率拖拉机安全载水量在 800 千克以下，单沟坐水长度不超过 500 米。目前应用的沟坐水量为 2~5 立方米/亩，穴坐水量为 0.3~1.5 立方米/亩，均为依靠经验或在特定降水年份下试验结果确定的，范围较大，不够精确。坐水种的坐水量受作物种类、土壤质地、播种期土壤含水量、蒸发强度、播种后旱情变化趋势等因素综合影响，因而，确定作物精准坐水量需要农机、农学、土壤、气象等学科的联合攻关。

## 2. 提高作业质量

坐水种技术是干旱半干旱区作物节水、增产的新型生产技术。该技术的核心是坐水、增墒、抗旱。坐水均匀度是衡量该技术作业质量的一项重要指标。因为，坐水不均匀，会导致作物出苗时期不同，生长高低不整齐，最终影响籽粒产量。坐水均匀度受土壤质地、地面坡度、作业速度、水箱中水压差等因素的制约。因而，要提高坐水质量，需要综合考虑上述因素，进行深入研究，以提高坐水均匀度。

## 3. 提高作业效率

影响机械化坐水种作业效率的因素主要是加水速率、注水行数、前进速率等。坐水种机具行进速度一般为 1.0~3.0 千米/小时，单行、双行、四行注水播种机每天（10 小时）理论作业面积为 11~34 亩、23~68 亩、45~135 亩。但在田间实际作业过程中，由于受加水速度和调头速度等因素影响，每天实际作业面积不超过理论作业面积的 40%，作业效率较低。配套的自行式载水车是提高作业效率的重要措施，可通过水泵、方向阀、管路等构成自提水和加压供水两套系统，实现便捷、快速地加水，减少辅助时间。这方面的研究工作需要加强，以提高坐水种作业效率。

# 第九节　科学灌溉技术

科学灌溉体现了灌溉的科学性，使现有的节水灌溉更加科学化，通过合理的灌溉计算，制定合适的灌溉制度，并通过行之有效的管理体系进行维护，使灌溉目的达到最优化，使产值与用水量的比值达到最高点。但科学灌溉强调的是灌溉的科学性，在节水的基础上增加严格的科学依据，主要包含以下几个方面。

## 一、灌溉制度的科学性

农作物的灌溉制度是指作物播种前及全生育期内的灌水次数、每次的灌水日期和灌水定额。灌水定额是指一次灌水单位灌溉面积上的灌水量、各次灌水定额之和，称为灌溉定额。灌水定额和灌溉定额常以立方米/亩或毫米表示，它是灌区规划及管理的重要依据。充分灌溉条件下的灌溉制度，是指灌溉供水能够充分满足作物各生育阶段的需水量要求而设计制定的灌溉制度。

对于新型节水灌溉而言，灌溉制度体主要体现在：灌水定额、灌水周期、一次灌水延续时间等内容。

## 二、设计方案的科学性

设计方案的科学性主要体现在灌区规划的合理性、管道选择的科学性、安装工程的严格性等方面。

### 1. 灌区规划的合理性

灌溉系统的工作制度通常分为续灌和轮灌。续灌是对系统内的全部管道同时供水，即整个灌溉系统作为一个轮灌区同时灌水。其优点是灌水及时，运行时间短，便于其他管理操作的安排；缺点是干管流量大，工程投资高，设备利用率低，控制面积小。对于绝大多数灌溉系统，为减少工程投资，提高设备利用率，扩大灌溉面积，一般均采用轮灌的工作制度，即将支管划分为若干组，每组包括一个或多个阀门，灌水时通过干管向各组轮流供水。

轮灌组划分的原则。

①轮灌组的数目应满足作物需水要求，同时，使控制灌溉面积与水源的可供水量相协调。

②对于手动、水泵供水且首部无衡压装置的系统，每个轮灌组的总流量尽可能一致或相近，以使水泵运行稳定，提高动力机和水泵的效率，降低能耗。

③同一轮灌组中，选用一种型号或性能相似的喷头，同时，种植的草坪品种一致或对灌水的要求相近。

④为便于运行操作和管理，通常一个轮灌组所控制的范围最好连片集中。但自动灌溉控制系统不受此限制，而往往将同一轮灌组中的阀门分散布置，以最大限度地分散干管中的流量，减小管径，降低造价。

2. 管道选择的科学性

管道的选择主要依据管道的过流量和管道的水力损失。管道水力计算包括计算管道水头损失和校核管道的实际工作压力。管道水头损失计算首先应该确定管道的流量，再根据系统的运行情况确定管道级别、管道的水力类型以及管道上出水口的出流形势，从而正确地进行水头损失计算。管道水力计算的另外一个重点是计算各级管道的工作压力大小、管路上的压力分布情况以及管道中的水力瞬变，用于校核管道压力和流量是否符合有关标准和规范的要求，是否满足系统运行安全的要求。

3. 安装工程的严格性

系统施工安装的总的要求，应严格按设计进行。必须修改时应先争得设计单位的同意并经主管部门批准。涉及有关建筑物的施工，应符合现行规范的要求，如《给排水建筑物施工及验收规范》《地下防水工程施工及验收规范》等。

4. 维护管理的科学性

在完成了科学的设计方案和严格的施工安装工作后，管理维护也是一项非常关键的工作，通过制定合理有效地管理制度，并严格地执行，也是科学灌溉系统运行必不可少的环节。主要体现在以下几个方面：建立专人专管制度，选择懂技术的人员负责，准确掌握系统的工作时间，系统定期维护保养。

## 三、科学灌溉技术的优点

### 1. 节水

采用喷、滴灌等设施进行灌溉，可以很好地避免产生地面径流和深层渗漏损失，使水的利用率大为提高。

（1）喷灌

喷灌是将灌溉水加压，通过管道，由喷嘴将水喷洒到灌溉土地上的一种灌溉方式。喷灌是目前大田作物较理想的灌溉方式，与地面输水灌溉相比，喷灌能节水 50%~60%。

（2）微灌

微灌有微喷灌、滴灌、渗灌、微灌等形式，是将灌溉水加压、过滤，经各级管道和灌水器灌水于作物根系附近，属于局部灌溉，只湿润部分土壤。微灌与地面灌溉和喷灌相比，可节水 80%~85%。微灌与施肥结合，利用施肥器将可溶性的肥料随水施入作物根区，及时补充作物所需要水分和养分，增产效果较好，微灌应用于大棚栽培和高产高效经济作物上，效益会更高。

### 2. 节约耕地

以往传统的灌溉方法是水通过干渠、支渠、斗渠、毛渠四级渠道输送到田间的，而在田间还要挖大量的埂、畦、沟渠，这样真正有效的种植面积只有 80%~85%，而采用喷灌、微灌等，可以将田埂、沟渠等取消，增加种植面积 15%~20%，大大地提高了土地利用率。

### 3. 改善农田小气候

农田小气候指农田中作物层里形成的特殊气候，是农田贴地气层与土层同作物群体间的生物过程和物理过程相互作用所形成的一种局部气候。由土壤温度和湿度、田间空气温度和湿度、贴地层与作物层中的辐射和光照、风速和二氧化碳浓度等要素组成。

农田小气候对农作物的生长、发育和产量以及病虫害都有很大影响。由于各种农作物的群体结构不同，株间的光能分布、空气温湿度、风速和土壤温湿度的特征均与裸露地上有显著差异。不同农作物，不同植株密度、株距、行距、行向，不同生育期和叶面积大小等都能形成特定的小气候。农田小气候既具有其固有的自然特征，又还是一种人工小气候，人类可以通过农业技术措施在一定程度上改变农田小气候。

喷灌、微灌等新形科学灌溉模式，可以很好地改善农田上部和下部环境，有效地防止了传统漫灌带来的土壤板结问题，有利于提高土壤墒情，加速灌溉水的渗透速率和提高肥料的有效利用率，使土壤固、液、气三相结构维持在较好的状态。

近几年来，自动控制的灌溉系统越来越多的应用到灌溉系统中，通过各种传感器测量农田小气候的各个参数，在经过中央处理系统的分析，将灌溉、施肥等工作合理地进行安排管理，使农业生产效率达到了一个新的高度。

### 4. 实现水肥一体化、减少环境污染

我国农村传统的灌溉为大水漫灌，施肥方法主要是经验施肥，没有充分考虑到土壤本身养分状况和农作物生长所需养分，往往大部分肥料随着大水流失，造成了投入高、产量低、农产品品质下降、效益下降等。更为严重的是，长期的大水漫灌及施肥造成了土壤结构被破坏、土地板结、环境污染，严重阻碍了农业的可持续发展。据有关资料显示，我国耕地面积不到世界的 1/10，但氮肥和磷肥用量却分别为世界总用量的 30% 和 26%，在单产相近的情况下，氮、磷肥用量分别高出世界平均水平 2.05 倍和 1.86 倍；农业污染量已占全国总污染量的 1/3 ~ 1/2。造成农田污染的主要原因有化肥、农药、农膜等的污染，这些污染不仅影响农产品的生产环境，同时也造成农业资源的极大浪费。因此，科学有效地开发、保护、利用农业资源，是 21 世纪农业实现可持续发展的重要保证。

新型科学灌溉模式利用施肥装置（比例注肥泵、压差式施肥罐、文丘里施肥器等）将肥料和水直接送到紧靠植物根部的地方，使蒸发和渗漏水量减到最小，且肥料得到了最大的利用，减少环境污染，以下以比例注肥泵为例进行说明。

比例注肥泵直接安装在灌溉管线上，由管路中水流的动能驱动比例加药泵工作。其唯一的动力就是水压，在带压的水流的驱动下，按比例定量将农药剂吸入，然后再与作为动力的水混合。在水压作用下，充分混合的水及药剂随后被输送到下游。吸入（投加）的药剂始终同进入比例加药泵水的体积直接成比例，而同管路中水压及水量的变化无关，从而实现直接流量比例混合及投加。"比例性"是保持恒定的精确剂量的关键，无论流进管线的水流量和压力如何变化，注入的溶液剂量总是与流进水管的水量成正比，可以根据农作物对药剂量的需要在外部调节比例，灵活方便，注肥比例也十分精确。

5. 减少工作量，降低维护成本

采用传统的地面沟灌、畦灌、自流漫灌，要大搞平整土地，这就加大了农田水利基本建设的工作量。采用喷灌、滴灌等科学灌溉后，土地基本不需平整，种地实现了"三无"，即无渠、无沟、无埂，大大减轻了水利建设的工作量，且可以运用自动控技术，实现在室内控制大田中农作物的种植，有力促进了农业向机械化、产业化、现代化方向的发展。

## 四、发展园林灌溉系统必要性

随着城市建设、园林绿化的发展和公民环境意识的提高，大面积的观赏草坪、休闲绿地和城市道路绿化在城市中也逐渐兴起，与此同时绿化用水和城镇居民生活用水之间的矛盾日益突出，因此，积极推广科学的、高效的用水方式—园林喷灌势在必行。

科学高效的灌水不仅体现在灌水器（喷头、微喷头等）安装选型的合理性上，更重要的是如何实现精确且操作简单的自动控制。然而，实现这个目标并不简单，它涉及目前园林灌溉系统需要解决的四大需求：满足不同种类的园林植物需水量、满足节水节能、满足节省人力管理成本及满足绿地景观形成。

1. 满足不同种类的园林植物需水量

园林景观由多种类型的植物配植而成，如草坪、花卉、灌木、乔木等。园林灌溉不仅要满足均匀的灌水，更重要的是还要满足不同类型植物对灌水方式、灌水湿润深度以及灌水周期的不同需求。对于维护水平较高的草坪基本上需要每天进行灌溉，湿润深度有十几厘米就足够，为了养护出一块色泽均匀的优质草坪，灌溉系统喷洒应具有良好的均匀性。对于花卉来说，要求水滴雾化程度高，而且在不同生长季节也有着不同的管理措施。灌木和乔木的灌水方式有相似之处，比如不能进行叶面的喷洒，而应将水尽量直接灌到植物根系附近，但乔木有明显主干，灌木则多为丛生类型，在灌水设备选择上又各不相同。这样看来，对于一块乔、灌、草混生的绿地，如何进行灌水就是非常复杂的一个问题，需要灌溉设计者分别对待，采取不同方案来解决。

## 2. 满足节水节能

园林灌溉通过提高水的有效利用率，减少无效灌水实现节水节能。园林灌溉节水，一方面体现在灌水器灌水的准确性上，做到不过喷和不漏喷；另一方面是灌水时间的准确控制，在这里不光是要做到根据植物需水量精准控制灌水时间，更重要的是能否根据灌水当天的天气情况准确地调整灌水时间，真正做到植物需要多少水就灌多少水。

## 3. 满足节省人力管理成本

随着近几年来人员工资待遇的提高，绿化养护成本越来越高，灌溉的管理成本同样遇到这样的问题。工人工资上涨，灌水人员的职业素质和责任心参差不齐，这些都驱使灌溉管理逐渐向自动化发展，尽量少用人工。现在的灌溉系统自动化管理系统功能强大，对于系统操作者来说，越来越简单方便，甚至是可以做到无人化管理，大大节省了人力和管理环节。当然，无人化管理在未来仍存在大量可提升的空间。

## 4. 满足绿地景观形成

我们经常能看到这些画面：绿地中间有工人手里拿着皮管子给各种植物浇水；在拥堵的道路上，绿化工人开着洒水车为路旁的植物洒水；一块漂亮的绿地中间突兀地竖起一根根安装着摇臂喷头的杆子。坦诚地说，这些景象并不美观。现在有了解决的办法，地埋喷头得到了社会的广泛认可，管道和喷头都埋藏于地下，喷洒时喷头自动弹出，喷洒完成后缩回地面，完全不会影响到绿地的景观。而且地埋喷头有多种多样的喷洒水型，均匀、轻薄的水雾在阳光的照射下呈现出七彩光芒，形成一种美丽的景观。此外，安装地埋喷头的绿地非常方便日常的剪草作业，并且由于整个系统埋藏于地下，也不容易遭到自然或人为的破坏，会大大延长使用寿命。

# 第六章　传统作物节水种植技术

## 第一节　河北省冬小麦节水标准化集成技术规程

本规程规定了河北省冬小麦节水技术栽培应用范围、节水原理、节水品种特点以及节水标准化播种、田间管理、全程机械化作业等技术，并进行集成规范。

本规程适用于河北省山前平原、黑龙港、冀东平原利用地下水浇灌进行冬小麦种植区域。

### 一、河北省冬小麦种植类型区及节水栽培适宜范围

河北省冬小麦生产主要分布在石家庄、邯郸、邢台、保定、衡水、沧州、廊坊、唐山、秦皇岛等9个设区市和定州、辛集2个省直管市。在全国小麦区划中分属北部冬麦区和黄淮冬麦区。按照自然、生态、气候以及生产条件、土壤类型、肥力基础、社会基础等因素，冬小麦种植主要分为太行山山前平原冬麦区（简称山前平原冬麦区）、黑龙港地区冬麦区（或低平原冬麦区）、冀东山前平原冬麦区（简称冀东平原冬麦区）3个生态类型区。山前平原冬麦区主要是指沿京广铁路两侧的太行山山麓平原区，包括石家庄、保定、邢台、邯郸4个设区市及定州、辛集2个省直管市的49个县（市、区）的全部或一部。黑龙港地区冬麦区主要是指海河流域黑龙港（低平原）地区，包括衡水和沧州2个设区市，保定、邢台、邯郸3设区市东部，廊坊设区市南部，共49个县（市、区）的全部或一部。冀东平原冬麦区主要是指长城以南，燕山山前平原区，包括唐山、秦皇岛2个设区市和廊坊设区市北部的18个县（市、区）的全部或一部。

上述 3 个区域利用地下水进行灌溉的冬小麦种植区，应大力推广应用冬小麦节水标准化集成技术。

## 二、冬小麦节水栽培技术原理与灌溉用水指标

### 1. 小麦节水栽培技术原理

①充分利用 2 米土体中土壤储水，提高土壤水利用，根据冬小麦生长特点，在其水分不敏感时期，减少灌溉，降低小麦总灌溉用水量和生育期耗水量，是小麦节水栽培的核心。

②小麦发达的根系系统是高效利用土壤水的关键，特别是小麦初生根系（种子根）具有扎深 2 米以上的特点，能够有效利用深层土壤储水，并确保小麦健壮生长和提高抗倒伏能力。

③通过适度水分胁迫促进小麦根系充分下扎，在小麦生长非需水临界期，通过减少灌溉次数和灌溉水量，有意识创造一定的土壤水分缺亏条件，促进小麦根系下扎，充分利用土壤深层储水，并优化小麦群体结构和干物质向经济产量的转移效率，增加土壤水消耗量占小麦总灌溉耗水量的比重。

### 2. 小麦节水栽培灌溉用水指标

小麦一生总耗水量为 400~600 毫米（270~400 立方米/亩），不同的气候年型应采取相应的节水技术。

保定以南的麦田灌溉用水指标：100~150 立方米。平水年底墒水 20~30 立方米，春一水 50 立方米，春二水 50 立方米（或封冻水）；丰水年底墒水 20 立方米，春一水 50 立方米，春二水 30 立方米（或封冻水）；枯水年底墒水 20~30 立方米，封冻水 40 立方米，春一水 50 立方米，春二水 30 立方米。

保定以北麦田灌溉用水指标：120~180 立方米。平水年底墒水 20~30 立方米，封冻水 50 立方米，春一水 50 立方米，春二水 40 立方米；丰水年底墒水 20 立方米，封冻水 50 立方米，春一水 50 立方米；枯水年底墒水 30~40 立方米，封冻水 50 立方米，春一水 50 立方米，春二水 40 立方米。

### 三、冬小麦节水品种的特点及选择

#### 1. 小麦节水品种的特点

小麦节水品种是指在水分供应不能充分满足生长发育的生理需求时（缺亏灌溉），仍能取得较高籽粒产量的小麦品种。其具有以下特点。

①抗旱系数等于或大于 1.1。

②耐旱、抗旱、早熟，穗型中等、穗容量大、穗粒数稳、灌浆早而快。

③株高中等，根系发达，初生根（种子根）多，4~5 条以上。

④叶片上举，上 2 叶窄小，保绿性能好。

⑤穗型紧凑、穗层整齐、粒重较高。

#### 2. 小麦节水品种的选择

小麦节水品种必须选择通过国家或河北省农作物品种审定委员会审定的品种，且综合抗性强、适应性广，并具有节水性、丰产性、稳产性、抗逆性（包括抗旱、抗寒、抗病、抗倒伏、抗干热风等）和优质特性兼顾的中早熟半冬性或冬性小麦品种。

种子质量为纯度不低于 99%，净度不低于 99%，发芽率不低于 90%，水分不高于 13%。

### 四、冬小麦节水栽培的主要生育指标和产量目标

#### 1. 山前平原冬麦区 500~600 千克生育指标和产量目标

（1）冬前壮苗指标

越冬期主茎叶龄 5~6 片，单株茎数 3~5 个，次生根 4~8 条。冬前生长健壮，不过旺，不瘦弱。

（2）群体动态指标

每亩基本苗 20 万~25 万株，保定以北 30 万株，越冬期总茎数 70 万~90 万株，起身期总茎数 90 万~110 万个，抽穗期穗数 45 万~55 万穗。

（3）产量结构指标

亩穗数 45 万~55 万穗，穗粒数 30~35 粒，千粒重≥40 克，亩产量 500~600 千克。

## 2. 黑龙港冬麦区 400~550 千克生育指标和产量目标

（1）冬前培育壮苗指标

越冬前主茎叶龄 5~6 片，单株茎数 3~4 个，次生根 4~6 条。植株生长健壮。

（2）群体动态指标

每亩基本苗 25 万~30 万株，越冬前亩总茎数 80 万~90 万个，起身期亩总茎数 90 万~120 万个，抽穗期亩穗数 45 万~50 万穗。

（3）产量结构指标

亩穗数 45 万~50 万穗，穗粒数 28~34 粒，千粒重≥38 克，亩产量 400~550 千克。

## 3. 冀东平原冬麦区 400~500 千克生育指标和产量目标

（1）冬前壮苗指标

越冬期小麦主茎叶龄 4~5 片，单株茎数 2~3 个，次生根 4~6 条。冬前生长健壮，不过旺，不瘦弱。

（2）群体动态指标

每亩基本苗 25 万~30 万株，越冬期总茎数 70 万~90 万个，起身期总茎数 100 万~120 万个，抽穗期穗数 45 万~50 万穗。

（3）产量结构指标

亩穗数 38 万~43 万穗，穗粒数 28~30 粒，千粒重≥40 克，亩产量 400~500 千克。

## 五、冬小麦节水标准化播种技术规程

适用于耕层土壤为壤土，土体以壤土或壤土、黏土混合为主，土层深厚，保墒保肥能力强，春季以灌溉 1~2 水为主的麦田。标准化播种技术包括整地、播种的 10 个技术环节。

## 1. 高质量整地技术

### （1）秸秆还田

前茬作物为玉米的，从玉米收获开始，应按规范化作业程序进行秸秆还田、整地和播种作业。在机械收获玉米的同时，或收获后，在田间将秸秆粉碎 2~3 遍，粉碎长度 3~5 厘米，并铺匀待播前整地。

### （2）足墒播种

小麦播种必须要求底墒充足，这是确保小麦节水栽培—播苗全、苗齐、苗匀、苗壮和安全越冬的必要前提。小麦播种底墒指标为耕层土壤含水量在 70% 以上田间持水量（即攥把土捏成团落地散）。底墒足时可趁墒播种；底墒不足时，在保证小麦适时播种的前提下，玉米收获后及时浇水造墒，并本着"宁晚勿滥"的原则造好底墒，底墒水每亩灌水量 20~40 立方米。提倡玉米收获前 10~15 天带棵洇地，做到一水两用，即可促进玉米灌浆又可为小麦播种造足底墒，每亩灌水量 20~30 立方米。重黏土地可在播种后适时浇灌蒙头水。

### （3）施足底肥

小麦施用底肥要根据地力基础和肥源情况，适量施用有机肥，每亩施用烘干鸡粪 200~250 千克，或其他有机肥 1.5~2.0 立方米。一般化肥施用量，山前平原冬麦区每亩底施纯氮 7~7.5 千克，五氧化二磷 7~8 千克，氧化钾 5~7 千克，硫酸锌 1~1.5 千克；黑龙港冬麦区每亩底施纯氮 7~8 千克，五氧化二磷 8~10 千克，氧化钾 4~6 千克，硫酸锌 1~1.5 千克；冀东平原冬麦区每亩底施纯氮 6~7 千克，五氧化二磷 7~8 千克，氧化钾 4~6 千克，硫酸锌 1~1.5 千克。

### （4）精细整地

秸秆还田后，播前进行整地，一般需进行旋耕 2 遍，旋耕深度 15 厘米左右；已连续 3 年以上旋耕的地块，须深松 25 厘米以上；也可进行翻耕整地。旋耕、深松或翻耕后要进行耙耱、耢地，做到耕层上虚下实，土面细平。提倡采用地下管道输水和小白龙灌溉；采用地上垄沟输水的，田间垄沟宽不超过 0.7 米。

## 2. 精细播种技术

### (1) 药剂拌种

播前种子药剂拌种是保证苗齐、苗壮的重要措施，主要预防土传、种传病害以及地下害虫，采用杀虫剂、杀菌剂及生长调节物质包衣或药剂拌种，病虫害混发区要选用杀虫剂和杀菌剂混合拌种。重点预防根腐病、纹枯病、全蚀病、黑穗病和灰飞虱、蛴螬、金针虫、蝼蛄等。

用6%戊唑醇+70%吡虫啉种衣剂进行种子包衣，小麦全蚀病可加12.5%硅噻菌胺悬浮剂拌种；未包衣的种子用上述药剂进行拌种，并堆闷晾干。一般地块用70%吡虫啉粉剂50~70克，对水1.5千克稀释成母液，均匀拌种20~25千克，搅拌均匀，吸收晾干后拌种；地下害虫重发生地块选用3%辛硫磷颗粒剂3~4千克均匀撒施后再翻地播种。病虫害混发区，可用上述杀菌剂和杀虫剂混合拌种达到"一拌多防"，操作规则：先拌杀虫剂，闷种晾干后再拌杀菌剂；先拌乳剂，待吸收晾干后再拌粉剂，拌种要随拌随用，不宜久放。

### (2) 播期播量

冬性品种在日平均气温16~18℃，半冬性品种在日平均气温14~16℃为适宜播种期。在一般年份从北向南，冀东平原冬麦区适宜播种期为9月27日至10月6日；山前平原冬麦区和黑龙港冬麦区保定以北、廊坊中部适宜播种期为10月1—7日；保定以南、石家庄、衡水、沧州适宜播种期为10月7—15日；邢台、邯郸适宜播种期为10月8—17日。适宜播种期内，每亩播种量10~13千克。以后每推迟播种1天，每亩增加播种量0.5~0.6千克。

### (3) 播种形式

采用等行距机械条播，行距12~15厘米，播种均匀，保证田间出苗整齐一致。黑龙港中低产地区可采用匀播技术。

### (4) 播种深度

播种深度3~5厘米。在此深度范围内，要掌握早播宜深，晚播宜浅；偏沙地宜深，黏土地宜浅；墒情差宜深，墒情好宜浅的原则。

（5）播后镇压

播种后，采用专用镇压器进行强力镇压 1~2 遍，镇压器重量 100~150 千克/沿米。镇压后最好用铁耙耱一遍，保证表层壋土。

（6）筑造小畦

采用小畦灌溉可以有效地节约灌水量，根据地块走向和平整情况，一般畦宽 5~7 米，长 7~9 米，面积 40~60 平方米为宜。畦宽和畦长不宜过窄、过长。

## 六、冬小麦节水标准化田间管理技术规程

### 1. 冬前及冬季管理

（1）查苗补种

播种后至出苗期间遇雨，雨后要注意锄划，破除板结，以利于出苗。出苗后普查苗情，麦垄内 10~15 厘米无苗应及时补种，补种时用浸种催芽的种子。

（2）杂草秋治

苗期和分蘖期重点防治禾本科恶性杂草，主要防治节节麦、雀麦、野燕麦、看麦娘等杂草。节节麦防治，在非硬质小麦田，选用甲基二磺隆、甲基碘磺隆钠盐·甲基二磺隆等，于冬前杂草 2~4 叶、基本齐苗后，对水均匀喷雾。雀麦防治，选用氟唑磺隆、啶磺草胺等。野燕麦防治，选用氟唑磺隆、精恶唑禾草灵等。看麦娘防治，选用精恶唑禾草灵、炔草酯、啶磺草胺等。

以猪殃殃、荠菜等阔叶杂草为主的冬小麦田，选用氯氟吡氧乙酸异辛酯、苯达松·2 甲 4 氯、唑草·苯磺隆等进行防除。禾本科与阔叶杂草同时发生区，以上药剂合理混配喷雾防治。药剂使用按说明书进行配比。

（3）冬前灌水

小麦播种前浇水造壋的地块，石家庄、衡水及以南地区一般不浇冻水，保定、廊坊以北酌浇冻水。无论南部和北部，因抢壋播种土壤缺壋或土壤过壋，不能保证安全越冬的，要适当浇灌冻水。冻水在日平均气温稳定下降到 3℃ 开始，由北向南顺次灌冻水。每亩灌水量 40~50 立方米。灌水后及时划锄，松土保壋。

（4）禁止放牧

冬前及冬季禁止麦田放牧。

## 2. 春季田间管理

（1）早春管理

小麦返青期至起身期，及时镇压提墒，锄划增温，以促根系早发下扎为主。返青期一般不浇水。

（2）浇水追肥

起身至拔节期是小麦水肥管理最关键时期，丰水年和平水年在此期只浇春一水可保小麦亩产 500 千克。一般在拔节初期浇灌（4 月上旬），较干旱或苗弱田适当提前到起身中后期（3 月中下旬），亩浇水量 50 立方米；早春特别干旱年份可提前到起身初期浇一次保命水，随浇水每亩追施纯氮 7~9 千克；欠水年或 600 千克的高产地块在抽穗扬花期浇第二水，亩浇水量 30~50 立方米，高产地块可追施纯氮 2~3 千克。

（3）化控防倒

对于旺长麦田和株高偏高的品种，在起身期前后喷施化控药剂，可与喷施除草剂结合进行。

（4）春季病虫草害防治

①返青期至拔节期。重点防控麦田草害和小麦纹枯病，除治阔叶杂草。当阔叶杂草 2~4 叶期，选用麦施达（459 克/升双氟磺草胺+二甲四氯异辛酯悬浮剂），或奔腾（22%唑草酮+14%苯磺隆）或二甲四氯钠盐+苯磺隆等进行化学除草。其中以猪殃殃、麦家公、牛繁缕等为主的麦田，还可选用氯氟吡氧乙酸，或麦喜（5.8%双氟磺草胺+唑嘧磺草胺悬浮剂），或使阔得（6.25%酰嘧磺隆+甲基碘磺隆钠盐水分散粒剂）。防控纹枯病。可在春季化学除草的同时，加入烯唑醇或井冈霉素·蜡质芽孢杆菌（纹霉清）等，达到兼治纹枯病的效果。防治红蜘蛛。当平均 33 厘米行长螨量 200 头以上时，可选用阿维菌素、哒螨灵、氧化乐果等药剂喷雾防治。如麦叶蜂发生严重，也可一并兼治。

②孕穗至抽穗扬花期。重点进行吸浆虫防治。4 月中下旬小麦处在孕穗期正

是吸浆虫化蛹盛期，也是防治的最佳时期。用毒死蜱粉剂配制成毒（沙）土，顺麦垄均匀撒施地表，撒毒土后浇水可提高药效。应注意不要带露水撒药，并借助扫帚、树枝等器具将粘在麦叶上的毒土弹落在地面上。小麦齐穗期是吸浆虫成虫羽化初期，可选用有机磷类、菊酯类、氨基甲酸酯类等喷雾防治。重发区要连续防治2次，间隔3天，消灭成虫在产卵之前。扬花期遇雨，应及时选用氰烯菌酯，或脒肟菌酯，或多菌灵等药剂预防赤霉病的发生和为害。

③灌浆期。重点实施"一喷三防"技术，防病虫，防早衰，防干热风，争粒重。加强对麦蚜、白粉病、条锈病、叶枯病等的防治。开花后10天左右施药，杀虫剂选用低毒有机磷类、菊酯类或吡蚜酮、吡虫啉等，杀菌剂选用戊唑醇、三唑酮、丙环唑、烯唑醇或多菌灵等。杀虫剂、杀菌剂与磷酸二氢钾、尿素或叶面肥等合理混配喷施，磷酸二氢钾每亩150~200克，尿素300~450克，达到防治病虫，防早衰，抵御干热风的三重效果。

### 3. 适时收获

完熟初期及时用能将麦秸粉碎、抛匀的联合收割机进行收获，割茬高度不高于15厘米。

## 七、小麦机械化作业技术规程

### 1. 前茬秸秆还田

主要指小麦、玉米一年两熟区玉米秸秆还田。使用大中型拖拉机及其配套的秸秆还田机，对残留秸秆进行粉碎还田，一般粉碎2遍，粉碎后秸秆应打破结节呈撕裂状，长度3~5厘米，且抛撒均匀，秸秆留茬高度应≤5厘米，综合合格率85%以上。

### 2. 土壤耕整

使用90马力以上轮式拖拉机及其配套的深松机、旋耕机（含镇压器、耙压器等）、铧式犁（翻转）。

（1）旋耕整地

旋耕深浅一致，旋耕深度应达到12~15厘米，碎土率≥55%，综合合格率≥

85%。旋耕后一般应进行耙耱处理，达到待播状态。

（2）深松整地

深松深度应有效打破犁底层，深松沟底在犁底层下沿下面3~5厘米为宜，最小值应≥25厘米；深松行距最大为≤70厘米。深松后，一般应进行旋耕整地。

（3）翻耕整地

适用于秸秆量较大，病虫害较严重的地区。翻耕深度一般在20厘米左右，要求不重耕、不漏耕，地表平整、墒沟平直。

3. 机械施肥

使用大中型拖拉机及其配套的旋耕施肥机、深松旋耕分层混合施肥机，施肥播种机、深松分层混合施肥播种机等。

（1）普通施肥

普通施肥一般利用施肥播种机同时完成施肥播种复式作业，施肥深度为5~15厘米，要求种、肥之间分离5~10厘米。

（2）混合施肥

混合施肥利用旋耕施肥机进行，作业时先将肥料均匀抛撒在地表，然后通过旋耕，将肥料较均匀地混合在0~15厘米土层内。

（3）分层混合施肥

分层混合施肥，利用深松旋耕分层混合施肥机，或深松分层混合施肥播种机进行。作业时，将一部分肥料抛撒于地面，在对土壤旋耕作业的同时，将肥料混合在0~15厘米耕层内；另一部分肥料或较难溶于水的磷钾肥，通过深松铲将肥料施于深松沟底20~25厘米范围内。

4. 机械播种

主要使用15厘米等行距播种机，中低产地区也可使用7.5厘米等行距密行匀播机、旋耕（等深）匀播机等。

（1）等行距播种

15厘米等行距播种机作业，要求匀速行驶、播量精确、下种均匀，深浅一致，无漏（重）播，覆土均匀、镇压严密，地头地边播种整齐。

（2）密行匀播

通过大幅度缩小行距（行距一般不大于 10 厘米），进而增加有效粒距的一种匀播形式，具有行距准确、粒距可控、分布最均匀、增产优势显著的特点，尤其适用于中低产田块。采用 7.5 厘米行距密行匀播机作业，要求整地质量要高，地表要平整，播层内无大坷垃、根茬、秸秆堆积。如果出苗条件较好，与等行距播种相比，可适当减小播量 5%~10%。

（3）旋耕匀播

种子借助旋耕刀旋转抛出的土壤，进行混合、散撒分布，并被土壤覆盖的一种匀播形式，尤其适用于中低产田块。按播深控制方式不同，又可分为旋耕非等深匀播和旋耕等深匀播 2 种形式。

①旋耕非等深匀播。作业时，先将小麦籽种均匀抛撒在地表，然后通过旋耕，将籽种较均匀地混合在 0~15 厘米土层内。优点：结构简单、适应性好；缺点：播深不一，过深的不易出苗，过浅的容易干旱冻死。防范措施：一般应加大播量 30%~50%。

②旋耕等深匀播。通过控制籽种的落种位置和土壤的抛撒轨迹与数量，有效解决播深控制与壅土堵塞问题，进而实现旋耕等深匀播，具有设计先进、结构相对简单，播深可控、增产优势显著的特点。如果出苗条件较好，与等行距播种相比，可适当减小播量 5%~10%。

5. 播后镇压

使用小型拖拉机、手扶拖拉机及其配套的圆柱镇压滚、三角耙镇压滚、凸凹镇压滚等。

播后镇压参数。镇压器每米幅宽 100~150 千克。墒情差、沙壤土、秸秆量大的偏重；墒情好、黏壤土、秸秆量小的可偏轻。

镇压时速度不宜过快，行走速度要均匀，土壤要压实，地表要相对平整，无裂纹、无大坷垃；有少量浮土覆盖的上虚下实最好。作业时间要在无霜天上午10：00 后开始。

### 6. 机械植保

主要使用自走式喷杆喷雾机、农业航空植保飞行器等。机械化植保作业应符合植保机具安全施药技术规范等方面的要求，机具零部件及连接处应密封可靠，不得出现接头松动、脱落及漏药、漏油现象。植保飞行器飞行距离和高度要符合航空管制要求。

### 7. 机械收获

主要使用轮式小麦联合收割机、履带式小麦联合收割机等。小麦联合收割机要带有秸秆粉碎及抛撒装置，确保秸秆均匀分布地表。割茬高度≤15厘米，收割损失率≤2%。

## 第二节　玉米节水栽培技术

玉米属于 C4 植物，叶片阔大，蒸发量高。在缺水少雨地区，节水技术成为发展玉米生产的关键性因素。节水栽培的实施途径是充分利用土壤蓄水和天然降水，降低人工灌溉用水量，使作物稳产、增产。因此，充分掌握玉米需水规律，采取科学配套的节水灌溉技术，发挥玉米高产性能潜力至关重要。

### 一、因地制宜选用良种

因地制宜地选用抗旱和丰产性能好的品种，是提高旱地玉米产量的有效措施。抗旱品种的根系发达，生长快，入土深茎叶茸毛多，气孔开度小，蒸腾少，在水分亏缺时光合作用下降少，光合强度高，灌浆速度快，灌浆时间长，经济系数高，因而产量高。

### 二、深耕深翻，以土蓄水

玉米生长季节内一般年份降水量与夏玉米对水分的需要量基本接近，只是雨量分配不均，经常造成玉米生长发育后期缺水，影响籽粒正常灌浆，导致籽粒不饱满，千粒重降低，造成减产。因此，采用一些简单的蓄水保墒措施，可最大限度地蓄保自然降雨，提高水分利用率，方法是：在玉米拔节期，在宽行松土 40 厘米宽的条形带，这样可以大大减少地表以下水分的蒸发，确保玉米根系对水分的吸收和正常的生长发育，从而达到玉米增产的目的。

秋季深耕深翻以土蓄水是解决旱地玉米需水的重要途径之一。在 10~40 厘米的耕层范围内，产量随耕翻深度的增加而逐渐提高，以耕翻 40 厘米产量最高，比耕深 20 厘米的增产 20%左右。因此，要想使旱地玉米增产，必须在种麦前逐年加深耕层，增加土壤蓄水保水能力，最大限度地利用有限水源，提高玉米产量。

### 三、抢时早播早灌

玉米的成熟期对产量影响比较大，晚熟品种一般产量较高，提早播种一方面可以保证晚熟品种正常成熟，另一方面可以为选用生育期长的高产品种创造条件。因此，夏收注意抓紧时间收割小麦，节约农时，在小麦收获后马上贴茬播种玉米，采取先播种后浇"蒙头水"的方式，争取早播种、早灌溉。针对衡水市农田灌溉单井覆盖面积大、轮灌周期长的特点，为保证播后及时灌溉，加快灌溉进度，玉米"蒙头水"应尽量浇小水，减少灌溉量，充分利用自然降水实现节水。

### 四、注重播种质量

1. 保证种子质量

选择籽粒饱满、个体均匀的种子，发芽率和纯度必须符合国家标准，保证玉米苗匀、苗壮。

2. 播种深浅适宜

在墒情有保障的情况下，可播种稍浅，利于出苗，一般播深 3~5 厘米。

3. 防止缺苗断垄

目前，多数采用联合收割机收获小麦，麦秸留在地中，因此，在播种时要有专人跟机，监视播种情况，及时处理故障，防止麦秸堵塞排种管，引起缺苗断垄。

### 4. 播量要足

为保证玉米苗全、苗壮，要保证足够的播种量。根据种子大小亩用种一般在3千克以上，小粒种子不少于2.5千克。

## 五、高留茬贴茬播种施肥

采用高留茬贴茬播种技术，可以降低地面水分蒸发，保持土壤墒情。在播种机械上引进施肥播种机，在玉米播种的同时施用种肥，解决了玉米贴茬播种不能同时施用底肥的问题，从而保证幼苗早发，培育壮苗，减少用工投入。种肥使用颗粒剂，肥料与种子分开10厘米以上较为安全。

## 六、加强玉米苗期管理

### 1. 除草

播种后出苗前，用40%阿特拉津胶悬剂、50%乙草胺50~75毫升或直接用乙阿合剂100毫升除草。在土壤墒情较好时喷水量每亩30千克。必须喷匀，特别有秸秆覆盖时要加大喷水量，保证药液封盖地面。如果苗前杂草防治效果不佳，可在玉米3~5叶期，用烟嘧磺隆类除草剂定向喷施防治禾本科杂草，也可在拔节后用定向喷施防治杂草。

### 2. 合理密植

在3~4片叶时一次性间苗，4~5片叶定苗，最晚不超过6叶期。根据品种类型确定留苗密度，松散型的玉米品种如蠡玉16等每亩适宜留苗3 600~3 800株，紧凑型的品种如浚单20、郑单958等亩留苗4 500~4 800株为宜。

### 3. 防治病害

主要是玉米叶斑病（弯孢霉叶斑病、褐斑病为主），近年大面积种植的浚单20、郑单958等品种叶斑病普遍发生，在玉米播种后30天左右为防治叶斑病的关键时期。可用75%百菌清500倍液、12.5%禾果利1 000倍液、70%代森锰锌可湿性粉剂600倍液、70%甲基托布津500倍液、50%退菌特1 000倍液等药剂全株喷雾，7~10天后再喷1次。

### 七、穗期管理

#### 1. 防治虫害

此期主要是玉米螟危害，可用辛硫磷颗粒剂灌心的方法防治1~2次。

#### 2. 追肥

于抽雄前的大喇叭口期追施氮肥，一般亩追尿素25~30千克。可在雨前或雨中施肥，如施肥后无雨或雨量小，则要及时进行灌溉，提高肥效，为大穗高产提供营养基础。

### 八、后期一水两用与晚收增产技术

玉米成熟的判断标准应以籽粒乳线消失为依据，而目前生产上玉米收获普遍偏早。如果晚收10天，灌浆期延长到50天，可显著提高粒重，增加产量。据调查，在这10天中，千粒重每天可以增加2.2~2.3克，亩产量每天增加2.46~2.6千克，10天可增产50千克左右，仅此一项可使玉米增产10%以上。

另外，结合玉米晚收，在玉米生育后期（9月20—25日）进行1次灌溉，可有效促进玉米灌浆，同时为后茬小麦播种提前造墒，起到一水两用的作用，提高水资源利用率，实现节水高产。

## 第三节　半干旱盐碱地棉花节水栽培技术

棉花是重要的经济作物，不断提高棉花产量、品质，对农业增效、农民增收有重要意义。多年来，通过试验探索，逐步形成了一整套比较完整的半干旱盐碱地棉花栽培技术，抗旱植棉实现早熟、高产、优质。解决了因水资源缺乏，盐碱地种植棉花出苗难、保苗难、发育迟缓、晚熟等问题。现将半干旱盐碱地棉花节水栽培技术介绍如下。

## 一、备种

选用抗棉铃虫、抗旱、抗早衰、抗涝、耐瘠薄、耐盐碱的抗虫棉，每亩的播种量要比水肥条件好的地块大些，机械播种的棉田，播种量应掌握在每2千克/亩，每穴不低于3~4粒；人工点播的棉田，播种量应掌握在每1.5千克/亩。有了足够的播种量，才能保证足够的留苗密度，应注意：

① 播种前一定要做好发芽试验，根据发芽率确定适合的播种量。

② 包衣的种子播种时，一定不要浸种，应干籽播种。

③ 播前晒种能促进种子后熟，提高发芽势和发芽率，还能杀菌减轻苗病。

## 二、地膜覆盖

地膜覆盖有增温、保墒、提墒、促苗早发、防杂草和抑制土壤盐渍化的作用。盐碱地不利于棉花出苗和早期发苗，往往由于结铃晚，使棉花霜前花少，造成棉花品质差、产量低、效益低。可以通过地膜覆盖来解决这个问题。经过生产实践证明：地膜棉花生长速度明显高于露地棉，有明显的抗旱作用。地膜棉花霜前花多、衣分高、品质好。种植地膜棉要注意：播种深度要浅一些，一般在3厘米左右即可。

## 三、适期播种

播种早晚与棉苗早、全、齐、匀、壮关系极大。半干旱地块地膜棉播种时间宜掌握在4月20~25日；露地棉要在4月25日以后开始播种，5月1日前后结束。注意不要种得太早，以免遇低温发生冷冻害、烂种、烂芽和发生苗病。

## 四、合理密植

半干旱盐碱地地力差，棉花不发棵，植株矮小，生育期短，要靠大群体获得高产，留苗要适当密些。可增加靠近主茎的成铃数，从而提高产量和品质。一般达到3 500~4 000株/亩。而且，不同品种因为株型的紧凑程度不同，密度也不同，紧凑型品种可稍密一些，松散型品种可稍稀一些。采取大小行种植形式较好，宽行 80 厘米，窄行 50 厘米，平均行距 65 厘米。

## 五、平衡施肥

平衡施肥既能提高肥料利用率，又能促进棉花根系下伸，吸收到土壤深层水分，起到节水抗旱的作用。要实现半干旱盐碱地棉花高产优质，就要通过施肥持续供给棉株生育所需的各种养分，增施基肥、培肥地力是重要措施，以基肥为主追肥为辅。基肥以有机肥为主，配合施用氮、磷、钾；追肥重施花铃肥，有明显的增产效果。要达到亩产籽棉 250~30 千克的水平，建议亩施底肥：有机肥 2 立方米，尿素 10~15 千克，磷酸二铵 20 千克，硫酸钾 10~15 千克。棉花花铃期再追施尿素 15 千克。中、后期每亩用尿素 0.5~1.0 千克、磷酸二氢钾 0.2 千克或富万钾 15 毫升，加少量硼酸，对水 50 升喷雾，7~10 天喷 1 次，共喷 2~3 次。

## 六、整枝打杈

旱地栽培棉花重点要及时整枝打杈，重点是打疯杈、打顶尖和打群尖。要及时把第一台果枝以下的疯杈打掉。打顶尖时间一般 7 月 15 日前，一般每株棉花上留果枝 10~13 台。打群尖一般要 8 月 10 日前打完。一般棉株下部每台果枝上可留 2~3 个果节，中部每台果枝上可留 3~4 个果节，上部每台果枝上可留 2~3 个果节。

## 七、化学控制

化学控制包括缩节胺控制旺长和乙烯利催熟两个方面。缩节胺用药量要严格掌握，依品种、气候、土质和长势灵活运用。一般情况下，在棉花整个生长过程中，化控次数为 3~4 次：第 1 次化控时间在盛蕾期或初花期，缩节胺用药量为 0.5~1 克/亩；第 2 次化控在盛花期，用药量为 2~3 克；第三次化控在花铃期，用药量为 3~4 克。

棉花生长后期，秋季降温比较快，经常发生部分晚期棉铃不能自然成熟，甚至不能开裂吐絮。可使用乙烯利促进棉铃加快成熟的技术，增加霜前花的数量，提高产量和品质。

### 八、病虫害防治

病害，主要是苗病、枯萎病、黄萎病等。种衣剂包衣可有效地防治苗期病害，枯、黄萎病可通过轮作倒茬、选用抗病品种、及时拔除病株等综合措施防治。

虫害，主要防治蚜虫、红蜘蛛、盲蝽、蓟马等害虫。要重视盲蝽的防治，防治时间掌握在傍晚。棉铃虫重发生年份，在每代发生高峰化防 1~2 次，防治指标为 100 株棉铃虫 2 龄幼虫 20 头。

## 第四节　半干旱地区大豆节水高产优质栽培技术规程

研究了我国北方半干旱地区大豆节水栽培中的品种选育、选地与整地、播种、施肥、田间管理、灌溉、病虫害防治、收获、贮藏等技术，为北方半干旱地区大豆标准化生产提供参考。

### 一、范围

本规程规定了大豆节水生产过程中的品种选择、选地与整地、播种、施肥、田间管理、灌溉、病虫害防治、收获、贮藏等技术。本规程适用于北方风沙半干旱地区大豆节水栽培。

### 二、品种选择

选用生育期适中、抗旱、抗瘠薄、抗病性强、肥水高效型，经过国家或省级审定推广的大豆优良品种，同时可根据市场需求和生产目标，选择专用型品种。

### 三、选地与整地

1. 选地

选择自然生态环境破坏少，有机质含量较高，土壤有效氮、磷、钾含量较丰富，中性或弱酸、弱碱性土壤。适宜土壤容重为 1.0~1.4 克/立方厘米，以壤土最为适宜。

2. 整地施肥

（1）秋翻施肥

前茬作物于秋天收获后立即将根茬除净，随后进行秋耕，耕地深度因地制宜，一般为 16~20 厘米，同时结合施入优质有机肥 1 500~2 000 千克/亩，并进行精细耙地、耱地和镇压，以减少土壤水分蒸发和风蚀。

（2）顶凌耙耱

翌年早春在土壤刚解冻 3~4 厘米深，土壤下层尚有冰凌、昼消夜冻时，开始耙地，使地表形成一层疏松细碎的干土层，切断毛管水的运行，保持土壤水分。

### 四、播种

1. 种子精选与种子处理

（1）分级粒选

除去病斑粒、霉变粒、虫食粒、杂质等，种子质量达到克 B4404.2 二级以上标准。

（2）晒种

播前一周时间内，在晴朗天气将种子摊放在阳光下晾晒 3~5 天，摊晒时，种子厚度 3~4 厘米，并经常翻动。

（3）微肥拌种

钼酸铵拌种：每千克豆种用 1.5 克钼酸铵，溶于温水中，均匀洒在豆种上拌种。溶液量为种子量的 0.5%，不可过湿，并在阴处晾干；硫酸锌拌种：每千克豆种用 4~6 克硫酸锌，方法同上。

（4）拌种衣剂

根据田间主要病虫害情况，选择适宜的种子包衣剂，按药种比例进行包衣，常用的种衣剂有种衣剂 4 号、北农大种衣剂、八一农大 35%多克福种衣剂、密山 35%多克福种衣剂等。

（5）抗旱剂拌种

按大豆种子量称取 0.2%的抗旱剂 1 号，配制成浓度为 2%的棕黑色药液，将药液均匀地撒在种子上，搅拌均匀，堆闷 2~4 小时便可播种。若与农药和种衣剂配用，应先拌农药和种衣剂，后拌抗旱剂 1 号，注意抗旱剂 1 号不能与碱性农药配用。

2. 适时播种

（1）播种期

当 5 天内 5 厘米播种层地温稳定在 8℃以上时，结合墒情进行播种，一般播期为 4 月下旬至 5 月上旬。

（2）抗旱播种

①抢墒播种。适播期内遇有小雨时，要趁雨后土壤水分较多、空气湿润、蒸发量小时，及时抢播。

②提墒播种。在地表有一层薄干土，底墒又较足的情况下，在播种前一天下午，全面镇压 1 遍，使底土层的水分借毛管的上升作用，增加表层土壤含水量，第二天进行播种。

③造墒播种。人工方法：用锄或锹等工具挖 6~7 厘米深的播种坑，每个播种坑中灌水 1.0~2.0 千克（坐水），亦可在坑中加施底肥。将浸好的种子逐坑点播、覆土，随即进行镇压；机械方法：每台抗旱坐水机配 1~2 人，开沟、注水、播种、施肥、覆土 1 次完成。

④闷墒播种。有水浇条件的地区，播前进行灌水、施肥，灌水后覆土闷墒，第二天、第三天后播种。

（3）播种量

计划留苗数的确定以种植密度为基础。确定合理密度应从群体出发，考虑地力、水肥及品种特性等因素。生育期短、植株矮和分枝少的密度要高，反之则低。水肥条件好的地块可以适当减少种植密度，水肥条件差的要适当增加。一般密度为12 000～15 000株/亩。田间出苗率与土壤水分和播种质量有关，一般为80%～90%，田间损失率以5%计算。一般播种量为3.0～4.5千克/亩。

（4）播种方式

采用等距穴播的方式，行距50厘米，穴距15～20厘米，每穴3～4粒，播种深度5～6厘米，要求深浅一致。播种后必须立即镇压，使土与种子紧密接触。

## 五、施肥

1. 基肥

一般施用有机肥1 500～2 000千克/亩，尿素5千克/亩、磷酸二铵8～10千克/亩、硫酸钾10千克/亩，或三元复合肥（氮磷钾有效成分各为15%）10千克/亩，慎用硝态氮肥。有机肥于秋季深翻时施入，化肥于春季施入，深度为10～15厘米，防止烧苗。

2. 追肥

（1）根际追肥

大豆初花期（6月下旬至7月中旬）结合最后一次趟地，追施硫酸铵6～10千克/亩或尿素3～5千克/亩。

（2）根外追肥

为了防治大豆鼓粒期脱肥，可在大豆初花期至鼓粒期进行根外追肥。用尿素0.6～0.7千克/亩加磷酸二氢钾0.1千克溶于35千克/亩水中喷施，同时，可根据缺素状况加入微量元素肥料，如硼砂、钼酸铵、硫酸锰、硫酸镁、硫酸锌等。微肥追肥使用量，见表6-1。

表 6-1　微肥根外追肥使用量

| 化肥名称 | 使用浓度（%） | 化肥用量（克/平方米） |
|---|---|---|
| 钼酸铵 | 0.05~0.10 | 300~375 |
| 硫酸锰 | 0.05~0.10 | 750~900 |
| 硫酸镁 | 0.05~0.08 | 525~600 |
| 硼砂 | 0.05~0.10 | 112.5~150 |
| 硫酸锌 | 0.01~0.05 | 1 350~1 650 |

## 六、田间管理

### 1. 苗前除草

在播后出苗前，每亩用 50% 乙草胺乳油 175~200 毫升（或 90% 禾耐斯 100~150 毫升）+ 70% 赛克津可湿性粉剂 20~40 克或 48% 广灭灵乳油 50~70 毫升（75% 广灭灵粉剂 1~2 克），或用 72% 都尔乳油 100~200 毫升，对水 15 千克均匀喷洒在土壤表面。

### 2. 补苗定苗

大豆出苗后及时查苗，缺苗少苗时及时补种，也可采用坐水补种。在对生真叶展开至第一片复叶展开前进行人工间苗，按计划种植密度一次定苗。

### 3. 中耕除草

定苗后进行 2~3 次中耕并结合选择安全、经济、适宜的除草剂进行化学除草。防除禾本科杂草时，每亩用 5% 精禾草克乳油 60~100 毫升，或 15% 精稳杀得乳油 50~655 毫升，或 10.8% 高效盖草能乳油 30 毫升，或 6.9% 威霸浓乳剂 50~60 毫升，或 12.5% 拿扑净乳油 85~100 毫升，对水 15 千克喷雾。防除阔叶杂草时，每亩用 25% 氟磺胺草醚 85~100 毫升，或用 24% 杂草焚水剂 85~100 毫升，对水 225 千克喷雾。

## 七、灌溉

### 1. 灌水原则

灌水以经济、高产、高效为目标，在有灌溉条件的农田上，结合当地气候条件和大豆需水和农田水分变化规律，选择适宜当地经济生产水平的灌水方式，进行节水灌溉。

### 2. 灌水时期

结合当地气候条件和大豆的需水规律采用浇关键水的灌溉制度，在大豆需水关键时期进行补充灌溉，注意大豆分枝期和开花结荚期对水分较为敏感，是水分临界期。严重干旱时，要根据具体土壤水分指标（表6-2），进行合理灌溉。当土壤田间持水量处于土壤含水量下限指标时，适当灌溉。

**表6-2　大豆不同生育时期耕层土壤水分指标**

| 生育期　　土壤含水量 | 土壤含水量下限指标（占最大持水量%） | 适宜值（占最大持水量%） | 土壤含水量上限指标（占最大持水量%） |
|---|---|---|---|
| 幼苗期 | 55 | 65~70 | 80 |
| 花序形成期 | 65 | 75~85 | 90 |
| 开花结荚期 | 65 | 75~85 | 90 |
| 成熟期 | 60 | 70~75 | 80 |

### 3. 灌水量

大豆每次灌水量应根据生育阶段、土壤性质、灌水方法而定，计算公式为：

$$M = \eta_{节} * r_{天} * H * (Q_{上} - Q_{下}) * Q_{田} * S_{田} / \eta_{田}$$

式中：M 为灌水量，单位为立方米，$\eta_{节}$ 为灌水量折减系数，由作物生育阶段和灌水方式确定，一般为 0.5~0.7，生育前期和非需水临界期取低值，其他生育时期取高值；点浇点灌、坐水种、小管出流、渗灌、穴灌取低值，喷灌、沟灌等取高值；$r_{天}$ 为土壤容重，一般为 1.3 克/立方米；H 为作物不同生育阶段的计划湿润层深度（表6-3）。$Q_{上}$、$Q_{下}$ 为土壤含水量上下限指标（表6-2）；$Q_{田}$ 为最大田间持水量，$S_{田}$为农田面积（平方米），$\eta_{节}$为田间水分利用系数，一般取 0.80~0.95，点浇点灌、坐水种、小管出流、渗灌、穴灌取高值。

表6-3　大豆不同生育阶段土壤计划湿润层深度

| 生育时期 | 幼苗期 | 开花结荚期 | 花序形成期 | 成熟期 |
|---|---|---|---|---|
| 土壤计划湿润层深度（米） | 0.40 | 0.50~0.60 | 0.40~0.50 | 0.60 |

### 4. 合理灌溉

农田集雨、机井建设和引用地表水，应符合节水灌溉技术规范和农田灌溉水标准中的相关要求。灌水次数和灌水量应符合作物需水规律、当地气候变化情况和土壤状况，以高产、经济、节水、高效为目标。要做好灌溉设备的检测、修理和维护工作。

## 八、病虫害防治

### 1. 防治原则

病虫害防治要依照"预防为主，综合防治"的植保方针，首先全面掌握本地（本场）大豆病虫害种类及其发生、消长、危害规律，依据较准确的预测预报为防治前提，以农业防治为基础，强化农业技术措施，合理运用生物防治、物理防治化学防治技术措施，达到主次兼顾、病虫害兼治，既经济安全又有效地防治病虫害的目的。

### 2. 农业防治

实行合理轮作，及时更替新的抗病虫品种，适期播种，合理密植，施用净肥，加强水肥管理，清除田间和田边杂草，及早铲除病株，深埋病残体，收获后及时深翻土壤。

### 3. 物理防治

根据害虫生物学特点，采取糖醋液和黑光灯等方法诱杀害虫。

### 4. 生物防治

保护瓢虫等害虫的天敌；释放蚜虫天敌日本豆蚜茧蜂（用蜂量 7 万头/亩）；8 月中旬大豆食心虫雌虫产卵盛期，释放赤眼蜂 2 万~3 万头/亩；秋季在食心虫幼虫脱离豆荚前，将白僵菌与细土按 1∶10 混合，用菌土 5 千克/亩撒于豆田地面或豆垛下，可将准备越冬的幼虫消灭。

### 5. 化学防治

（1）用药原则

根据防治对象的特性和危害特点，允许使用生物源农药、矿物源农药和低毒有机合成农药，有限度地使用中毒农药，禁止使用剧毒、高毒、高残留农药。

（2）几种病虫害的化学防治方法

①大豆霜霉病。播种前用种子重量 0.3%的 35% 甲霜灵（瑞毒霉）粉剂或 50%福美双可湿性粉剂拌种。发病初期也可用 40%百菌清悬浮剂 60 倍液或 25%甲霜灵可湿性粉剂 800 倍液、58%甲霜灵锰锌可湿性粉剂 600 倍液进行喷施，在上述杀菌剂产生抗药性的地区，可改用 69%安克锰锌可湿性粉剂 900~1 000倍液喷施。

②大豆灰斑病。7 月下旬阴雨季节当大豆叶片有 30%以上出现病斑时，用 50%多菌灵、或 70%甲基托布津 500~1 000倍液进行防治，大豆花荚期用 40%多菌灵胶悬剂，300~400 倍液喷雾。

③蚜虫和红蜘蛛。在蚜虫或红蜘蛛初发期，每亩用 40%乐果乳油（不可用氧化乐果）50 毫升拌 10 千克湿细沙土制成毒土，撒于受害处；当全田发生时，每亩用 50% 抗蚜威 10~15 克，对水 40~75 千克喷雾。

④大豆食心虫。8 月中旬，在大豆食心虫成虫盛期前 1~2 天，用长 20 厘米、宽 3 厘米的油毡软纸片浸蘸 80%的敌敌畏乳油，制成"缓释卡"，每亩用 15 个，或以同样方法制成玉米穗轴"毒棒"，均匀挂在田间的大豆植株上。

⑤大豆菟丝子。选择阴雨天气或田间湿度较大时，用浓度为 $3 \times 10^7$ 孢子/毫升的鲁保 1 号 50 倍液，喷洒在菟丝子植株上。

### 6. 合理使用农药

加强病虫害预测预报，做到有针对性的适时用药，未达到防治指标或益害虫比合理的情况下不用药。严禁使用禁止使用的农药和未核准登记的农药。注意：不同作用机理的农药合理交替使用和混用，以提高防治效果。坚持农药的正确使用，严格按使用浓度施用，施药力求均匀周到，不漏施，不重施。

## 九、收获

根据当地的栽培制度、气象条件、品种熟性和田间长相灵活掌握收获时期。人工收获在落叶 90% 时进行；机械收获则在叶片全部落净、豆粒归圆时进行，保证收获质量，减少损失。

## 十、贮藏

### 1. 贮藏温度

大豆贮藏温度应控制在 16℃ 以下。

### 2. 安全含水量与贮藏期

大豆含水量在 16% 左右的，可以安全越冬；含水量在 15% 左右的，一般可以保管到 6 月；含水量在 13% 左右的，可保管到 7 月；含水量在 12% 左右的可以安全过夏。

# 第五节　花生旱作节水栽培技术

花生是耐旱性较强的作物，它的耗水量大小与田间花生群体大小、品种类型、当地太阳辐射能总量、气温、相对湿度、风速、土壤质地及栽培措施等密切相关。实施耐干旱栽培管理措施，能够很大程度上提高花生的耐干旱能力，一般干旱无需浇水即可获得较高的产量。

## 一、加厚活土层，扩大土壤贮水量

花生的抗旱能力及产量的高低随土层厚度的增加而提高。因此，对土层不足30厘米的旱薄地，应进行深耕，破除犁底层，使耕层再增加10~15厘米。打破坚硬的"犁底层"，加厚活土层，可增加土壤孔隙度，降低土壤容量，改善整个土体的通透性。降水或灌溉时能够接纳和储蓄较多的水分，在干旱时供给花生吸收利用。另外，由于深耕或深翻改善了整个土体结构，促进了根系的生长发育，根系扎的深，伸展范围广，庞大的根系吸收水肥能力增强，抗旱能力增加。

## 二、增施有机肥，平衡施肥

施肥可降低生产单位产量所需的水量。在一定生产条件和相同水分状况下，单施氮素化肥、磷素化肥均显著增产，而氮肥、磷肥分别提高7.3%和3.6%。氮、磷、钾化肥配合施用，氮肥利用率提高2.0%~6.1%，磷肥利用率提1.6%~6.1%，并明显促进了根瘤菌固氮，固氮率比不施钾肥的提高13.2%~21.2%。平衡施肥，各种化肥的损失率大大减少，土壤的水分利用率大大提高。平衡施肥可以采用氮、磷、钾比例法，再根据花生田的土壤肥力和产量要求，来确定氮、磷、钾化肥的适宜用量。

## 三、选用抗旱品种，推行抗旱播种技术

### 1. 选用抗旱品种

花生不同品种对干旱的适应能力差别很大，水分胁迫处理后，3天、5天和7天，耐干旱品种的根系活力比土壤水分适宜时下降12.9%、34.4%和46.0%。而对干旱敏感品种的根系活力比土壤水分适宜时下降28.6%、53.8%和67.7%。耐干旱的品种一般叶片较小，侧立分布，不平展，开花集中，花期短，干旱胁迫时少开花甚至不开花，解除干旱胁迫时则迅速开花。目前，生产上不少品种均具有较好的抗旱性，各地可因地制宜进行选用。

## 2. 推行抗旱播种技术

我国北方花生产区春季十年九旱，为了及时播种和保证花生全苗，各地创造了许多有效的抗旱播种方法，如抢墒播种、造墒播种、闷墒播种、带壳播种等。如带壳播种有 2 种，一种是露地带壳播种；另一种是带壳覆膜播种。具体做法是：选择果仁饱满的中熟大花生品种作种，在 40℃ 的温水中浸泡 20~24 小时，捞出晾干，再把双仁果从果腰处分成单仁果，单仁果要捏开口，然后播种。由于花生受壳保护，籽仁一般不受冻害，可提前早播，较用籽仁播种提前 30 天，能有效利用土壤中的水分，达到全苗增产的目的。

## 四、地面覆盖栽培

地面覆盖栽培可减少土壤水分蒸发，提高地温，加速养分转化，促进作物根系发育等作用，抗旱增产效果十分明显。

### 1. 地膜覆盖栽培

用地膜覆盖裸露的垄沟，雨后或灌溉后及时锄地松土保墒，减少土壤水分蒸发；坡度较大的垄沟，隔一定距离截堰挡水，增加雨水或灌溉水下渗时间和数量，可在一定程度上增强抗旱性。

### 2. 地面覆草栽培

可于花生未封垄时，将麦糠或秸草均匀施于垄沟，用量 200~300 千克/亩，经过覆草的地块较不覆草地块的土壤含水量显著增加，荚果增长率可在 10% 以上。

## 五、化学控制抗旱栽培

近几年，花生生产中对化学抗旱剂、保水剂进行了试验、示范、推广，收到一定的增产效果。抗旱剂是一种能控制植物气孔开启的化学物质，在花生生长期喷施抗旱剂，可控制叶片气孔的开张度，抑制叶片蒸腾，缓解土壤水分的消耗。保水剂属于高分子的新型化工材料，吸水后可保持自身重量数百倍的无离子水，形成一种外力作用下也难以脱水的凝胶物质，并缓缓地释放出来，供作物所需。花生生产上应用的抗旱剂和保水剂有抗旱剂 1 号、黄腐酸、亚硫酸氢钠、吸水性树脂、聚烃化合物等。

### 六、适时收获与安全储藏

当荚果多数已饱满，果壳硬化，网纹相当清晰，果壳内白色的海绵组织收缩，裂纹明显，呈黑褐色斑片，种仁皮薄光滑，呈现出品种固有的色泽时即行收获。收获可采取人工收获、半机械化收获和全部机械化收获。全部机械化收获是一次性完成挖掘、抖土、摘果、集果等工序，作业效率高、破碎率低、清洁度高。

花生储存库应有良好的通风条件，地面不透水，房顶不漏雨。种子水分保持在 10%以下。当摇动荚果有响声，剥开荚果，咬种仁有脆声，手搓种仁，种皮易脱落时，即可贮藏。

## 第六节　红薯节水栽培技术

广宗县是地下水严重超采区，启动实施种植结构调整规划，发展节水特色杂粮种植。以"河北省渤海粮仓科技示范工程项目"为契机，建立了"小麦—红薯—红薯"两年三熟千亩示范田，拓宽粮食渠道，最大限度地降低因小麦面积减少对粮食产量的影响。渤海粮仓千亩示范田任务由广宗县冯家寨镇冯家寨村勇强家庭农场承担，品种有小香薯、龙薯 9 号、秦薯 7 号、徐紫 2 号、荔枝蜜等，其中，小香薯，销往上海、杭州、深圳等大城市，产品供不应求，获得很好效益；小香薯产量每亩 650 千克，每 500 克均价 2.9 元，亩投入 1 600 元，亩收入 3 770元，亩经济效益 2 170 元。其他品种平均效益均在 1 500 元以上，2 年亩节水 100立方米。该模式的示范推广，为实现粮食增产，农民增收，农业增效提供了新的思路和技术支撑。现将技术要点总结如下，供种植参考。

### 1. 种薯选择

选择抗病、优质、丰产抗逆性强、商品性好的甘薯品种。育足育好无病壮苗，夺取丰产基础。

### 2. 配方施肥

合理施用基肥是无公害甘薯生产重要环节，根据示范方土壤肥力确定相应施肥量和施肥方法，掌握以基肥为主，有机肥为主，少施氮肥，增施钾肥磷肥。示范方内选用生物有机肥，化肥 K、P、V 配方为 15-15-18。有机肥和化肥一次性作为底肥施用。

### 3. 深耕起垄

甘薯是块根作物，膨大需要疏松土壤条件，因此冬季要深耕，耕深 30～33 厘米。做垄要因地制宜，示范方土壤属砂质壤土，甘薯生长后期正遇雨季，起垄高度为 30 厘米，龙宽 40 厘米，垄距 80 厘米。垄作质量要求：垄距均匀，垄直，垄面平，垄土松，土壤散碎。

### 4. 机械覆膜

选用 1.2 米宽黑色除草膜，采用起垄覆膜一体机械化操作方式完成，既能防治杂草又能增温保墒，每亩用量 3 千克。

### 5. 及时定植

（1）定植时间

根据气候条件、品种特性和市场需求选择适宜种植期，春薯一般在 4 月中旬地膜种植，夏薯要抢时早栽。

（2）定植密度

每垄 2 行，行距 60 厘米，株距 30 厘米左右，每亩 3 500～4 000棵。

### 6. 定植方法和深度

选用 6~7 片叶壮苗，顶部露出地面 3 片展开叶，其余节位连叶片全部以水平位置埋入，栽深 10～15 厘米，随后定植穴浇水，每株 500 克水，等水渗后覆土，注意秧苗生长点不要接触地膜。

### 7. 田间管理

（1）查苗补苗

定植后 2~3 天查苗，补苗时连根一起挖，栽后不需要缓苗。

（2）中耕除草

20 天后垄间喷除草剂，耕地，（依据情况进行 1~2 次人工除草）要注意保持垄型，不要使垄土塌落，影响薯块形成。

（3）追肥浇水

定植后 35 天左右（5 月中下旬）遇旱浇水 1 次。

（4）雨季控秧

7 月中旬待薯秧长 50 厘米，此时正值雨季，喷施抗逆增产剂吨田宝每亩 33 毫升，7—8 月连雨季节，喷施 2 次控旺剂，防治营养生长过旺，不必翻秧。

（5）防治病虫害

7—9 月防治斜纹夜蛾、甘薯麦蛾，并加入杀菌剂预防甘薯黑斑病，根腐病。

### 8. 收获期

收获期可根据市场需求来确定，最迟在霜降前收获。

# 第七节　绿豆种植栽培技术

绿豆属于豆科作物，因其颜色青绿而得名。绿豆汁具有清热解毒的功效，是人们夏季必备的解暑饮料，清热解毒，老少皆宜，深受人们喜爱。绿豆营养价值丰富，物美价廉，还可以做成绿豆糕、绿豆饼、绿豆沙以及绿豆粉皮等一系列的食品，同时，还具有一定的医疗保健价值，绿豆已经成为人们喜爱的豆类之一。因此人们购买绿豆的频率也在增加，对于绿豆的品质也提出了新的要求，为了保证绿豆的营养价值，科学合理种植绿豆十分关键。现将绿豆的种植技术总结如下。

### 1. 品种选择

因地制宜选择绿豆品种，首选适合当地的绿豆品种。不能盲目引进新品种，一定要结合当地情况，选择在当地口碑最好、产量高、质量优的绿豆品种。再者选择抗病虫害能力强、生命力旺盛的绿豆品种为主，降低后期绿豆的发病率，提高植株抗逆性。购买绿豆种子要去正规有证经营的经销商处购买。

### 2. 土壤条件

绿豆属于耐贫瘠能力较强的作物之一，对于土壤的要求不高，一般来讲肥力中等的地块均可种植绿豆。另外地块选择要尽量平坦，保证排水良好。地块选择建议不要选择重茬地块，低洼地块也对绿豆高产不利，另外盐碱地也不建议选择。

### 3. 种植方式

（1）复种

复种主要是在多熟地区，是作物集约化栽培方式的一种，可以实现一地多收，大大提高了土地的利用率和作物产量。多熟区复种模式可以是小麦—绿豆、油菜—绿豆等。

（2）混种

混合种植的作物之间首先要共荣，而不是相互排斥，混种绿豆一般在玉米田间，因为绿豆的种植可以起到养护玉米地的作用，保证了玉米生产的同时还收获了绿豆。

（3）间种

绿豆耐阴性较好，根瘤菌又有固氮作用，所以可以与高秆农作物间种，养地的同时又可以保证高秆作物的产量。间种模式有 2 种：一是绿豆、玉米：2 行玉米、4 行绿豆或 4 垄玉米、2 垄绿豆以玉米为主增收绿豆或以绿豆为主增收玉米；二是绿豆、谷子：1 行谷子、4 行绿豆，绿豆、谷子都可增产 10%。

（4）纯种

纯种绿豆一般是地块贫瘠或者岗坡地块，尤其是当地气候干燥、干旱，粗放管理的地区，绿豆纯种可获一定产量。

### 4. 种子处理

（1）精选种子

在播种之前要精选种子，清除病种、霉种以及不完整的种子，保留粒大饱满的种子。同时，要保证种子清洁，无杂质。

（2）晒种

晒种可以保证绿豆种子发芽率，提高种子抗逆性。晒种选择晴天将种子薄摊在平整的水泥地上，一般晾晒 2 天即可，晾晒时要经常翻动，保证晾晒均匀。晒种时要远离牲畜，以免牲畜食用或者损害种子。

（3）擦种

为了不浪费种子，对于种子外观稍差，例如，颜色稍暗一些的，或者外表不是很光滑的种子，可以采取擦种处理，使种皮稍有破损，易发芽和出苗。

（4）根瘤菌接种

在种子上撒少量水，将菌剂撒于湿种子上拌匀，随拌随用。根瘤菌肥勿与化肥、杀菌剂混用。

5. 播种

播种方法。以条播为多，穴播、撒播均可；播种时间。一般在地温达到 16～20℃时即可播种。春播在 5 月，夏播绿豆播种越早产量越高；种植密度。按照早熟品种密晚熟品种稀、旱地密水地稀、瘦地密肥地稀、直茎密蔓茎稀的原则，墒情差的地块坐水种，坐水量保证接上底墒为宜，播种后再覆膜。

6. 田间管理

（1）镇压

播种后及时镇压，以保早出苗，出全苗。

（2）查苗，补苗

缺苗断垄严重的要及时浸种，坐水补种。在第二片复叶展开时定苗，每穴留 1 株。绿豆喜欢单株生长，不论条播还是点播都不能留簇苗、双苗。

（3）平衡水肥

合理施肥和灌水也是保证绿豆产量和质量的关键。绿豆苗期耐旱，要控制浇水，遇旱轻浇。同时，浅中耕除草，蹲苗促壮。现蕾浇水，同时追施尿素 15 千克；开花结荚期叶面喷肥有明显效果，每亩用磷酸二氢钾 40～60 克、钼酸铵 25～35 克、硼砂 15～25 克，加水 15 千克，分别进行叶面喷雾。开花前浇 1 次水，增加单株荚数、单荚粒数；结荚期浇水增加粒重、延长花期。只能浇 1 次水的地区，应在盛花期浇。

（4）中耕培土

从出苗到开花中耕 3 次，中耕深度按先后应掌握浅—深—浅的原则，并进行培土，以利护根排水。

（5）病虫害防治

绿豆病虫害是影响绿豆品质和产量的关键因素，建议要做好病虫害的预防工作，以预防为主，治理为辅。

# 第八节　芝麻种植栽培技术

芝麻为胡麻科胡麻属一年生直立草本植物，是我国重要的油料植物之一，有着较高的应用价值。同时，芝麻还是大家非常喜欢的保健食品，有着护肤美肤、减肥塑身等功效，深受消费者的青睐。现将芝麻的种植栽培技术介绍如下。

## 一、芝麻的播种方法

### 1. 播期时间

夏芝麻适宜的播期是 5 月下旬至 6 月上旬。秋芝麻适宜的播期是 7 月上旬、中旬，在热量较好的情况下可以迟到 7 月下旬。

### 2. 亩用种量

撒播为 400 克，条播为 350 克，点播为 250 克，在土壤肥力高、病虫害少、含水量高的田块可适当少播。

### 3. 播种方式

芝麻播种方式有点播、撒播和条播 3 种。

①撒播是江淮地区的传统播种方式，适宜于抢墒播种。撒播时种子均匀疏散，覆土浅，出苗快，但不利于田间管理。

②条播能控制行株距，实行合理密植便于间苗中耕等田间管理，适宜机械化操作。

③点播每穴 5~7 粒种子。无论何种播种方式，浅播、匀播，深度 2~3 厘米为宜。

## 二、芝麻的种植管理

### 1. 化学除草

在播种后 3 天，亩用 60% 禾耐斯乳油 60 毫升，加水 50 千克稀释后均匀喷布于畦面，可减少杂草的生长。

### 2. 适时间苗

过 10 多天，待其长出 2~3 片子叶后间苗，5~6 天再间 1 次，使其株距在 22~24 厘米，亩植 8 000~10 000 株。适宜的株距，有利其分枝。

### 3. 摘除顶芽

在盛果期后，当主茎顶端叶节簇生，近乎停止生长时，选晴天上午摘除顶芽。打顶的方法很简单，即掐去顶端生长点 1 厘米以内为宜，但打顶只限于顶端生长点，而不是顶端的一长段，掐的过长将减少单株蒴数，导致减产。

### 4. 灌溉排水

芝麻对土壤水分反应最敏感，既怕渍涝，又不耐长期干旱，因此，必须注意灌溉和排水。

### 5. 早施苗肥

芝麻因为种子较小，加上往往底施氮肥施用过多，容易使幼苗旺长，形成高脚苗。因此，芝麻要结合早间苗、早定苗，看苗早施一次以速效性肥料为主的苗肥，施好苗肥是芝麻早发健长的重要措施。苗期肥以稀释腐熟的人粪尿或尿素为好，一般在定苗后每亩追施尿素 2~3 千克，旱情较重时要先抗旱再追施或用稀薄人粪尿稀释后浇灌。对苗势较差的，还要采取"开特餐"的方法，追施提苗肥。芝麻追施苗肥，还要根据芝麻根系较浅的特点，尽量浅施或重点施于根部。

### 6. 巧施蕾肥

芝麻现蕾期正进入花芽分化时期，这时植株营养生长和生殖生长同时并旺。因此，施好蕾肥对芝麻高产举足轻重。现蕾肥一般以氮肥为主，磷、钾肥为辅，每公顷可分别施尿素 75~150 千克，加施磷肥 150~225 千克和钾肥 75~150 千克。施肥时，对条播的可在距芝麻植株 10 厘米左右开沟条施或点施，施入 10 厘米深的土层中，以利根的吸收，施后覆土。对撒播的可将腐熟的饼肥或颗粒状尿素掺入细碎土中充分拌匀撒施，施肥后随即进行中耕松土掩肥。天气干旱时，施后应喷水以充分发挥肥效。也可采用浇淋方法，即每亩用尿素 4~6 千克对水 200 千克浇泼于芝麻蔸部。此外，对缺硼地区和缺硼土壤还应酌情增施硼肥。

### 7. 重施花肥

芝麻进入开花期生长最迅速，此期吸收的营养物质占整个生育期间的 70%~80%。为了能满足植株生长发育的需要，喷施磷酸二氢钾 1~2 次，可延缓叶片衰老，使芝麻生长旺盛，积累更多的光合产物，增加花蒴的数量，后期稳长不早衰，使籽粒充实饱满。同时，花荚期侧根已开始大量形成，根系的吸收能力增强，植株的生长速度加快，对养分的需求量也显著增加。因此，要重施 1 次花荚肥，分枝品种一般在分枝出现时施用，单杆品种在现蕾到始花期施用。根外施肥一般用 0.4% 磷酸二氢钾，一般每亩用尿素 5~8 千克对水 200 千克浇泼于芝麻蔸部，也可施用沤制的饼肥、人粪肥等。另外，在始花到盛花期，可进行根外追肥，方法是选晴天下午，用 0.3% 的磷酸二氢钾溶液喷于叶片正反面，每次间隔 5~6 天，连喷 2~3 次。

# 参考文献

蔡太义，贾志宽，黄耀威，等.2011.不同秸秆覆盖量对春玉米田蓄水保墒及节水效益的影响 [J]. 农业工程学报，27（增刊）：238-243.

柴存才，等.1998.黄腐酸盐对棉花黄萎病的作用 [J]. 腐殖酸，（4）：16-17.

陈宝玉，黄选瑞，邢海，等.2004.3 种剂型保水剂的特性比较 [J]. 东北林业大学学报，32（6）：99-100.

陈宝玉，武鹏程，张玉珍.2003.保水剂的研究开发现状及应用展望 [J]. 河北农业大学学报，5：242-245.

陈玉玲.1999.黄腐酸对冬小麦幼苗一些生理过程的影响及作用机理的探讨 [J]. 华北农学报，14（1）：143.

董宝娣，张正斌，刘孟雨，等.2007.小麦不同品种的水分利用特性及对灌溉制度的响应 [J]. 农业工程学报，23（9）：27-33.

董少卿.1991.腐殖酸对玉米幼根生长及活力的影响 [J]. 哈尔滨师范大学自然科学学报（3）.

杜太生，康绍忠，魏华.2000.保水剂在节水农业中的应用研究现状与展望 [J]. 农业现代化研究，21（5）：317-320.

杜尧东，土丽娟，刘作新.2000.保水剂及其在节水农业上的应用 [J]. 河南农业大学学报，34（3）：255-259.

杜贞栋，顾维龙，王华忠，等.2004.农业非工程节水技术 [M]. 北京：中国水利水电出版社.

高传昌，王兴，汪顺生，等.2013.我国农艺节水技术研究进展及发展趋势

[J]. 南水北调与水利科技, 11 (1)：146-150.

高琼 . 2009. 陕西渭北旱塬节水型种植结构优化研究 [D]. 重庆：西南大学 .

高延军, 张喜英, 陈素英, 等 . 2004. 冬小麦品种间水分利用效率的差异及其影响因子分析 [J]. 灌溉排水学报, 23 (5)：45-49.

耿军义, 刘素娟, 刘素恩, 等 . 2003. 河北省棉花育种的研究进展及发展思路 [J]. 河北农业科学, 7 (4)：44-49.

宫飞 . 2003. 华北地区结构型节水种植业模式及途径研究——以北京市顺义区为例 [D]. 北京：中国农业大学 .

韩宾, 李增嘉, 王芸, 等 . 2007. 土壤耕作及秸秆还田对冬小麦生长状况及产量的影响 [J]. 农业工程学报, 23 (2)：48-53.

河北省水利厅 . 2014. 河北省水资源评价 [R].

河北省水利厅规划处 . 2016. 河北省水利统计年鉴 .

侯亮, 刘素英, 王淑芬 . 2012. 河北省平原缺水区农作物布局调整研究 [J]. 河北农业科学, 16 (4)：29-32.

侯振军, 夏辉, 杨路华 . 2004. 河北省平原冬小麦节水灌溉制度试验研究 [J]. 河北水利水电技术, 2：5-7.

胡景辉, 孙丽敏 . 2013. 河北滨海平原区种植业结构调整探析 [J]. 天津农业科学, 19 (10)：56-59.

胡星 . 2008. 秸秆全量还田与有机无机肥配施对水稻产量形成的影响 [D]. 江苏扬州：扬州大学 .

胡志桥, 田霄鸿, 张久东, 等 . 2011. 石羊河流域节水高产高效轮作模式研究 [J]. 中国生态农业学报, 19 (3)：561-567.

黄明, 吴金枝, 李友军, 等 . 2009. 不同耕作方式对旱作区冬小麦生产和产量的影响 [J]. 农业工程学报, 25 (1)：50-54.

黄修桥 . 2005. 灌溉用水需求分析与节水灌溉发展研究 [D]. 陕西杨凌：西北农林科技大学 .

黄占斌，山仑.1998. 水分利用效率及其生理生态机理研究进展［J］. 生态农业研究6（4）：19-23.

黄占斌，辛小桂，宁荣昌，等.2003. 保水剂在农业生产中的应用与发展趋势研究［J］. 干旱地区农业研究（3）：11-14.

黄占斌，张国桢，李秧秧，等.2002. 保水剂特性测定及其在农业中的应用［J］. 农业工程学报，18（1）：22-26.

金建华，孙书洪，王仰仁，等.2011. 棉花水分生产函数及灌溉制度研究［J］. 节水灌溉，2：46-48.

金剑，刘晓冰，李艳华，等.2001. 水肥耦合对春小麦灌浆期光合特性及产量的影响［J］. 麦类作物学报，21（1）：65-68.

康绍忠，许迪.2001. 我国现代农业节水高新技术发展战略的思考［J］. 农村水利水电.

康跃虎.1998. 微灌与可持续农业发展［J］. 农业工程学报（增刊），14：251-256.

科学技术部中国农村技术开发中心组织编写.2007. 节水农业技术［M］. 北京：中国农业科学技术出版社.

李安国，建功，曲强.1999. 渠道防渗工程技术［M］. 北京：中国水利水电出版社.

李成禄.2008. 发展无公害蔬菜生产的对策和措施［J］. 天津农业科学，14（5）：31-33.

李建民，王宏富.2010. 农学概论［M］. 北京：中国农业大学出版社.

李金玉，刘西莉，刘桂英.1997. 种衣剂和包衣种子质量标准研究［J］. 世界农业，12：17-19.

李景生，黄韵珠.1996. 土壤保水剂的吸水保水性能研究动态［J］. 中国沙漠，16（1）：86-91.

李林杰.2001. 河北省农业产业结构调整：成效　误区　对策［J］. 河北农业大学学报，26（4）：49-54.

李龙昌，李晓 . 1997. 管道输水灌溉技术 [J]. 中国农村水利水电 (7).

李瑞霞，梁卫理 . 2010. 农业节水技术研究现状及其对河北平原作物高产节水的借鉴意义 [J]. 中国农学通报，26 (15)：383-386.

李生秀，等 . 2004. 中国旱地农业 [M]. 北京：中国农业出版社.

李玉敏，王金霞 . 2009. 农村水资源短缺现状、趋势及其对作物种植结构的影响——基于全省 10 个省调查数据的实证分析 [J]. 自然资源学报，24 (2)：200-208.

李志宏 . 2003. 基于水资源状况的河北低平原种植结构调整 [J]. 河北农业科学，7 (增刊)：120-123.

梁薇 . 2007. 冬小麦经济节水灌溉制度的研究 [D]. 石家庄：河北工程大学.

刘恩洪 . 2008. 腐殖酸肥的特点及应用 [J]. 河北农业科技，17：44.

刘佳嘉，冯浩 . 2010. 缓解河北农业用水紧缺的技术与对策 [J]. 节水灌溉，5：64-67，70.

刘克礼，等 . 2004. 旱作大豆综合农艺栽培措施与产量关系模型及产量构成分 [J]. 大豆科学，23 (1)：50-54.

刘坤，郑旭荣，任政，等 . 2004. 作物水分生产函数与灌溉制度的优化 [J]. 石河子大学学报，22 (5)：383-385.

刘梦雨，王新元 . 1994. 黑龙港地区的地下水资源采补平衡与作物种植制度 [J]. 干旱地区农业研究，12 (3)：79-74.

刘幼成，王玉敬，武兰春 . 1998. 水稻旱育稀植条件下的节水灌溉制度的研究 [J]. 河北水利科技，19 (2)：20-21.

刘正学，等 . 2005. 小麦优化节水灌溉模式的研究 [J]. 作物杂志，2：18-21.

刘作新，尹光华，孙中和，等 . 2000. 低山丘陵半干旱区春小麦田水肥耦合作用的初步研究 [J]. 干旱地区农业研究，18 (3)：20-25.

楼豫红 . 2003. 自动控制灌溉系统介绍 [J]. 节水灌溉 (1).

卢林纲．2001．黄腐酸及其在农业上的应用［J］．现代化农业，5：9-10.

鲁雪林，王秀萍，张国新，等．2009．地膜覆盖对棉花产量的影响［J］．河北北方学院学报，25（5）：34-39.

路文涛，贾志宽，高飞，等．2011．秸秆还田对宁南旱作农田土壤水分及作物生产力的影响［J］．农业环境科学学报，30（1）：93-99.

吕长安．2003．河北省水资源现状分析及解决措施［J］．中国水利，3：76-78.

吕美蓉，李增嘉，张涛，等．2010．少免耕与秸秆还田对极端土壤水分及冬小麦产量的影响［J］．农业工程学报，26（1）：41-46.

罗庚彤，等．1994．北疆春大豆亩产 300 千克高产栽培技术研究［J］．大豆科学，8（2）：127-132.

马丙尧，邢尚军，马海林，等．2008．腐殖酸类肥料的特性及其应用展望［J］．山东林业科技，1：82-84.

马香玲，高计生．1998．坝上干旱地区春小麦节水灌溉制度［J］．河北水利水电技术，2：14-16.

牟善积，等．1999．免耕、覆盖、深松配套技术及耕作模式的研究（之五）［J］．天津农学院学报，6（2）：28-32.

牛彦辉．2011．河北平原区节水灌溉工程节水效果研究［D］．石家庄：河北农业大学．

牛育华，李仲谨，郝明德，等．2008．腐殖酸的研究进展［J］．安徽农业科学，36（11）：4 638-4 639，4 651.

庞秀明，康绍忠，王密侠．2005．作物调亏灌溉理论与技术研究动态及其展望［J］．西北农林科技大学学报（自然科学版），33（6）：141-146.

钱蕴壁，李英能，杨刚，等．2002．节水农业新技术研究［M］．郑州：黄河水利出版社．

山仑，等．2004．中国节水农业［M］．北京：中国农业出版社．

山仑，徐萌．1991．节水农业及其生理生态基础［J］．应用生态学报，2

（1）：70-76.

沈荣开，王康，张瑜芳，等.2001.水肥耦合条件下作物产量、水分利用和根系吸氮的试验研究［J］.农业工程学报，17（5）：35-38.

沈荣开，张瑜芳，黄冠华.1995.作物水分生产函数与农用非充分灌溉研究述评［J］.水科学进展，6（3）：248-254.

沈振荣，苏人琼.1998.中国农业水危机对策研究［M］.北京：中国农业科技出版社.

沈振荣，汪林，于福亮，等.2000.节水新概念——真实节水的研究与利用［M］.北京：中国水利水电出版社.

石玉林，卢良恕.2001.中国农业需水与节水高效农业建设［M］.北京：中国水利水电出版社.

石振礼，王整风.2004.关于河北棉花产业化发展的现状与对策［J］.中国棉麻经济，5：23-25.

石正太，王延国.1996.黄腐酸旱地龙在农业上的试验研究与推广应用初报［J］.腐殖酸（4）：31-34.

史兰绪，赵宝民.1996.河北棉花生产怎样走出困境［J］.调研世界，6：24-27.

水利部国际合作司等翻译.1998.美国国家灌溉工程手册［M］.北京：中国水利水电出版社.

宋冬梅.2000.冬小麦高产节水机理及灌溉制度优化研究［D］.沈阳：沈阳农业大学.

隋鹏，张海林，许翠，等.2005.节水抗旱与喜水肥型小麦品种土壤水分消耗特性的比较研究［J］.干旱地区农业研究，23（4）：26-31，57.

孙景生，康绍忠.2000.我国水资源利用现状与节水灌溉发展对策［J］.农业工程学报，16（2）：1-5.

田笑明，等.2000.宽膜植棉早熟高产理论与实践［M］.北京：中国农业出版社.

佟屏亚，等.1993.当代玉米科技进步［M］.北京：中国农业科技出版社.

王超，等.2005.节水抗旱技术集成对大豆产量及干物质积累影响研究［J］.农业系统科学与综合研究，21（3）：204-206.

王海艺，韩烈保，黄明勇.2006.干旱条件下水肥耦合作用机理和效应［J］.中国农学通报，22（6）：124-128.

王红霞.2007.河北省节水规划及灌溉制度优化研究［D］.长春：吉林大学.

王婧.2009.中国北方地区节水农作制度研究［D］.沈阳：沈阳农业大学.

王龙昌，王立祥，谢小玉.1998.论黄土高原种植制度优化与农业可持续发展［J］.农业系统科学与综合研究，14（2）：81-85.

王拴庄.1991.河北省半干旱地区不同类型区冬小麦的节水灌溉制度［J］.干旱地区农业研究，2：85-93.

王天立，等.1995.黄腐酸对防治蔬菜病害的增效作用［J］.河南化工（4）：31-33.

王天立，王栓柱，王书奇，等.1997.关于黄腐酸在农业上的四大作用及相关问题的研讨［J］.腐殖酸（4）：1-8.

王天立.1989.黄腐酸（FA）在我国农业上的应用价值［J］.腐殖酸（2）：1-6.

王维敏，等.1994.中国北方旱地农业技术［M］.北京：中国农业出版社.

王文颇.2000.喷施黄腐酸对花生生长发育的影响［J］.花生科技（1）：25-27.

王秀梅，等.2000.黑土区大豆超高产栽培技术试验研究［J］.大豆通报（1）：7，9.

王艳平，殷登科，单桂萍.2014.增施生物有机肥对旱地小麦品质与产量的影响［J］.山东农业科学，46（6）：95-97.

王永红.2003.大同市春小麦耗水规律及其节水灌溉制度研究［J］.科技情报开发与经济，13（12）：137-138.

王玉宝．2010．节水型农业种植结构优化研究——以黑河流域为例［D］．陕西杨凌：西北农林科技大学．

王玉坤，赵勇．1991．袁庄麦田秸秆覆盖保墒措施的研究［J］．灌溉排水，10（1）：7-13．

文宏达，刘玉柱，李晓丽，等．2002．水肥耦合与旱地农业持续发展［J］．土壤与环境，11（3）：315-318．

吴德瑜．1991．保水剂与农业［M］．北京：中国农业出版社．

吴德瑜．1999．保水剂在全国农林园艺上的应用进展［J］．作物学报，2：33-37．

吴乃元，等．2001．小麦增产节水技术的集成应用研究［J］．气象科技．

武雪萍．2006．洛阳市节水型种植制度研究与综合评价［D］．北京：中国农业科学学院．

谢静．2011．保定地区冬小麦水分生产函数及节水灌溉制度研究［D］．石家庄：河北农业大学．

信乃诠，等．2002．中国北方旱区农业研究［M］．北京：中国农业出版社．

徐福利，等．2001．不同保墒耕作方法在旱地上的保墒效果及增产效应［J］．西北农业学报，10（4）：80-84．

徐国伟，王贺正，陈明灿，等．2012．水肥耦合对小麦产量及根际土壤环境的影响［J］．作物杂志，1：35-38．

徐淑琴，等．2003．大豆需水规律及喷灌模式探讨［J］．节水灌溉（3）：23-25．

徐优，王学华．2014．水肥耦合及其对水稻生长与 N 素利用效率的影响研究进展［J］．中国农学通报，30（24）：17-22．

许迪，李益农，等．2002．田间节水灌溉新技术研究与应用［M］．北京：中国农业出版社．

许旭旦．1996．黄腐酸（FA）研究的意义与成就［J］．腐殖酸，1：32-34．

薛文侠．2009．宝鸡峡灌区高产小麦节水灌溉制度探讨［J］．杨凌职业技术学院学报，8（3）：15-17.

杨培岭，等.2001.发展我国设施农业节水灌溉技术的对策研究［J］.节水灌溉，（2）.

杨涛，杨明超，梁宗锁，等.2005.不同玉米品种耗水特性及其水分利用效率的差异研究［J］.种子，24（2）：3-6.

杨耀.2000.生化黄腐酸应用简介［J］.腐殖酸，1：64-72.

尹飞虎，周建伟，董云社，等.2010.兵团滴灌节水技术的研究与应用进展［J］.新疆农垦科技，1：3-7.

尹光华，等.2007.农业现代化研究［J］.中国北方半干旱区机械化坐水种技术研究，3.

张保军，丁瑞霞，王成社.2002.保水剂在农业上的应用现状及前景分析［J］.水土保持研究，6：51-55.

张标.2000.黄腐酸复合肥推广应用效果［J］.腐殖酸，2：34-35.

张富仓，康绍忠.1999.BP保水剂及其对土壤与作物的效应［J］.农业工程学报，15（2）：74-78.

张建新，等.2000.MFB多功能抗旱剂对小麦产量与品质的影响［J］.麦类作物学报，20（4）：94-96.

张秋英，刘晓冰，金剑，等.2001.水肥耦合对玉米光合特性及产量的影响［J］.玉米科学，9（2）：64-67.

张胜爱，等.2006.不同耕作方式对冬小麦产量及水分利用状况的影响［J］.中国农学通报，22（1）：110-113.

张肖法.1999.FA旱地龙对辣椒生长及经济效益的影响［J］.江西农业科技（1）：43.

张学知.2015.节水压采条件下衡水市水资源供需平衡分析（硕士毕业论文）.［D］.河北农业大学.

张艳红.1997.棉花水分生产函数及节水灌溉制度研究［D］.武汉：武汉水利电力大学.

张瑜芳，沈荣开，任理.1995.田间覆盖保墒技术措施的应用与研究［J］.水科学研究进展，6（4）：341-347.

张志宇.2014.土壤墒情预报与作物灌溉制度多目标优化［D］.石家庄：河北农业大学.

赵广才，等.1994.不同墒情下保水剂对小麦玉米出苗及幼苗的影响［J］.北京农业科学，12（1）：25-27.

赵竟成，任晓力，等.1999.喷灌工程技术［M］.北京：中国水利水电出版社.

赵聚宝，赵琪.1998.抗旱增产技术［M］.北京：中国农业出版社.

赵英娜.2010.邢台市节水灌溉制度分析与评价［J］.河北水利，10.

赵增峰，燕泰翔，沈月领.2012.华北衡水地区农田节水灌溉制度的经济学分析［J］.生态经济，1：136-140.

郑学强，宋文坚，庄义庆，等.2004.种衣剂的研究现状及展望［J］.浙江农业科学，1：47.

郑卓琳，等.1994.紧凑型夏玉米高产需水规律研究［J］.玉米科学，2（4）：26-32.

周春林.2007.非充分灌溉水肥耦合对水稻产量品质调控效应研究［D］.江苏扬州：扬州大学.

周卫平，宋广程，邵思.1999.微灌工程技术［M］.北京：中国水利水电出版社.

周侠，等.2003.浅析灌水对大豆产量的影响［J］.大豆通报（6）：11-12.

邹新禧.1991.超强吸水剂［M］.北京：化学工业出版社.